国防教育全视角知识书系

尖端武器
SOPHISTICATED WEAPON

主战坦克

李 杰 主编

瞿雁冰 著

中国科学技术出版社
·北 京·

U0745833

图书在版编目（ＣＩＰ）数据

主战坦克/瞿雁冰著. —北京：中国科学技术出版社，
2020.6（2024.8重印）

（尖端武器/李杰主编）

ISBN 978-7-5046-8477-6

Ⅰ.①主… Ⅱ.①瞿… Ⅲ.①主战坦克—世界—青少
年读物 Ⅳ.①E923.1-49

中国版本图书馆CIP数据核字（2019）第258421号

总 策 划	秦德继	
策划编辑	李惠兴	郭秋霞
责任编辑	李惠兴	王绍昱
装帧设计	中文天地	
绘 图	崔玮龙	于丽娇
封面设计	崔玮龙	
责任校对	杨京华	
责任印制	马宇晨	

出 版	中国科学技术出版社
发 行	中国科学技术出版社有限公司
地 址	北京市海淀区中关村南大街16号
邮 编	100081
发行电话	010-62173865
传 真	010-62173081
网 址	http://www.cspbooks.com.cn

开 本	710mm×1000mm 1/16
字 数	180千字
印 张	11.5
版 次	2020年6月第1版
印 次	2024年8月第2次印刷
印 刷	唐山富达印务有限公司
书 号	ISBN 978-7-5046-8477-6/E·12
定 价	59.80元

丛书编委会

主　编：李　杰

副主编：刘胜俊

专家组：（以姓氏笔画为序）

　　　　王凤岭　李　杰　李树宝

　　　　侯建军　瞿雁冰

前言

　　1916 年的索姆河战役中，吐着火舌的"游民"们在短短五小时之内将长达十千米的战线向前推进了五千米，取得了以往需要消耗几千吨炮弹的相当战果。伴随着铁甲的隆隆声响，第二次世界大战硝烟中的坦克描绘出了一幅幅人类战争历史上最为惨烈血腥的战争画卷。"冷战"时期，苏联上万辆 T 系列坦克组成的钢铁洪流一度是北约挥之不去的噩梦。"陆战之王"并非浪得虚名。

　　然而，历史往往会在不经意间打弯。1991 年的波斯湾，伊拉克军队与以美国为首的多国部队陈兵对垒，双方投入的坦克和装甲车辆都堪称世界一流，有先进的火控、夜视瞄准系统和"三防"系统，具有很强的反坦克火力。当时有军事家断言，以主战坦克和装甲战车为核心的机械化部队将决定战争的结局，海湾战争将是一场坦克大战，但战争的结局却出乎军事家们的预料，海湾战争近乎终结了"陆战之王"主导陆地战场的历史。而随后的 1999 年科索沃战争，北约更是完全依靠航空兵打垮了南联盟。

　　更意外的是，在"明日黄花"的声浪中，坦克却又出现了有趣的新场景。第二次世界大战中被坦克部队视作畏途的城市巷战，如今却逐渐成为坦克的主战场。2007 年，以色列面对哈马斯的非对称攻击，"梅卡瓦"Mk4 坦克闪亮登场。美、德等国纷纷开发适用城市作战的坦克改型，凭借先进信息技术来应对巷战中的"八面埋伏"。曾一度宣称各类装甲车辆都控制在 20 吨左右的美国陆军也再次食言，2017 年 9 月 17 日，第一台 M1A2 SEP V3 新坦克交付美军，远远超过 20 吨。美军的最终目标是升级整个 M1A2 战队，而升级的坦克数量将超过 1500 辆。"坦克无用论"正如核武器出现后盛极一时的"海军无用论"一样，被掀翻在地。

　　一种兵器的最大敌人不是战场上能否战胜对手，而是战略的需要。核武器的出现，在一定程度上遏止了像第二次世界大战那样的大规模战争，却难以阻止马岛、科索沃等

战争的爆发。优秀的RAH-66"科曼奇"直升机和"十字军"火炮遭到淘汰，"海狼"级潜艇被"弗吉尼亚"级潜艇代替，皆理出一辙。面对层出不穷的反坦克武器、精确制导武器以及战场环境的变革，尤其是武装直升机和对地攻击机的崛起，曾经攻守兼备、在战场上驰骋过百年的坦克，"陆战之王"的称号被不断挑战，当是事物发展的逻辑使然。但从"挑战者"到"阿玛塔"主战坦克，"陆战之王"又岂会裹步不前？

毫无疑问，在可预见的未来，坦克依旧是陆地战场的主角。

瞿雁冰

目录

第1章　概　述

一、主战坦克的出现 / 002

二、主战坦克的典型代表 / 004

第2章　"挑战者"-2主战坦克

一、百年之路：从"水柜"到"挑战者" / 009

二、"挑战者"-2：亚瑟王的精英 / 016

三、"乔巴姆"装甲 / 021

四、线膛炮——英国坦克的标签 / 024

第3章　ZTZ-99式主战坦克

一、125毫米主炮的选择 / 028

二、我国的坦克发展之路 / 031

第4章 "豹"2A6主战坦克

一、"豹"2家谱 / 048

二、"短号"与"豹"2A4的较量 / 058

三、典型反坦克导弹 / 060

第5章 M1A2主战坦克

一、M1系列主战坦克 / 078

二、铁兽雄心：AGT-1500型燃气轮机 / 086

第6章 "梅卡瓦"主战坦克

一、"梅卡瓦"MK1~MK4 / 096

二、"梅卡瓦"是最好的坦克吗？/ 099

三、装甲与反装甲武器的对抗 / 102

第7章 "阿琼"主战坦克

一、"胜利"坦克 / 108

二、从"印度豹"到"阿琼"/ 111

三、对"白象"的思考 / 115

第8章 K2"黑豹"主战坦克

一、K1系列主战坦克 / 120

二、K2主战坦克 / 122

第9章 10式主战坦克

一、从61式到90式 / 126

二、10式坦克 / 129

第10章 "勒克莱尔" 主战坦克

一、120毫米主炮 / 135

二、动力选择 / 137

三、火控系统 / 138

四、防护能力 / 140

第11章 "阿玛塔"主战坦克

一、T-14坦克 / 145

二、152毫米，大炮主义？/ 150

三、炮塔拷问：有人还是无人？/ 158

第12章 坦克的未来发展

一、火力选择的两个方向 / 166

二、"主动防御"将是防护的主流 / 168

三、重型化，还是轻型化？/ 169

四、信息化是未来坦克的新标签 / 170

第1章

概　述

凭借火力、机动和装甲防护综合性能，在第一次世界大战（以下简称"一战"）末期出现的坦克一跃成为"陆战之王"。第二次世界大战（以下简称"二战"）期间，众多坦克驰骋沙场，充当地面战争的突击力量。"二战"后，中东战争、海湾战争等局部战争也大量使用了坦克。时至今日，还没有发现任何一款武器装备在地面战争中可以替代坦克。坦克仍将是未来地面战争和地面战场上的首选平台，在复杂的地面环境条件下，它能有效地完成突击作战、进攻追击、侦察和反突围以及坚守阵地等战斗任务。

一、主战坦克的出现

"主战坦克"这个概念的提出，是在"二战"之后。"二战"前关于坦克种类的划分有两个标准：坦克自重和作战用途。按照自重划分，坦克一般划分为轻型、中型和重型（也有超轻型和超重型的说法）。"二战"

◎ "虎"式坦克

中比较经典的 T-34 是中型坦克，"虎"式坦克是典型的重型坦克，日本的
95 式则属于轻型坦克。超轻型坦克有日本的 94 式"豆战车"，德国未完工
的"鼠"式坦克可以算是超重型坦克。按照作战用途，坦克可以分为步兵坦
克、巡洋坦克，这是英国人最喜欢的分类方法。"丘吉尔"坦克就是步兵坦
克，用于掩护步兵进攻。"克伦威尔"被称作巡洋坦克，用于对付敌方装甲
目标。

　　"二战"后，由于内燃机技术的迅猛发展，主战坦克的机动问题得
到了很好的解决。主战坦克的推进系统是由以增压、中冷、高温冷却、
电控技术为特点的 880~1100 千瓦紧凑型活塞发动机（或燃气轮机），
机械 - 液力传动装置，液压操纵系统，高效紧凑型动力传动辅助系统，以及
以高性能扭杆（或液气悬挂装置）为特点的行动部分组成的。单位重量功率
达 18~20 千瓦 / 吨，使自重与"二战"时期中型甚至重型坦克相当的主战坦
克的机动性能，达到"二战"轻型坦克的水平。

◎ T-34 坦克

　　主战坦克火炮口径由"二战"时期的 75 毫米增大到现今的 120~125 毫米。由于高强度、高韧性炮钢的应用，再加上身管采用自紧、内膛镀铬等技术，有效地提高了火炮的性能和使用寿命。由于采用了带热像瞄准镜的车长周视稳像指挥仪、炮长双向稳像瞄准镜、数字计算机、各种传感器（横风、倾斜、炮塔角速度、气象等）、电液或全电炮控系统组成的指挥仪式火控系统，主战坦克具备了行进间对运动目标的射击能力。

　　防护也是主战坦克发展的一个重要方向，采用的主要技术手段包括：防敌人发现的迷彩技术，防敌人观察、瞄准射击的热烟幕和抛射式多功能烟幕技术，防反坦克导弹攻击的导弹干扰技术，防武装直升机的炮射导弹技术，防核生化攻击的三防技术，自动灭火、抑爆技术和防敌人击毁的复合装甲、组合装甲、反应装甲技术等。

二、主战坦克的典型代表

1. 第一代主战坦克的典型代表

　　第一代主战坦克的典型代表，有苏联 T–54/55 坦克、美国 M48"巴顿"坦克、英国"百人队长"坦克等。与"二战"的主力坦克相比，第一代主战坦克的最大改变是机动能力，防护力和火力都比较中庸，火力普遍采用 100 毫米左右火炮，基本不具有夜战能力。

2. 第二代主战坦克的典型代表

　　美国 M60 坦克、苏联 T–62 坦克、德国"豹"1 坦克和我国 69 式坦克等，是典型的第二代主战坦克。由于当时各国都在假想核战争条件下的作战，所以这个时期的坦克普遍具有更强的三防能力。在火力方面，苏联人已经开始使用 125 毫米级别的火炮。另外，红外夜视仪、稳定仪等电子设备的应用，使第二代主战坦克的夜间作战能力有所增强。

3. 第三代主战坦克的典型代表

第三代主战坦克的代表车型有苏联 T−72 和 T−80U、美国 M1/M1A1、英国"挑战者"、法国"勒克莱尔",德国"豹"2 和我国的 99 式主战坦克等。第三代坦克装有 1 门 105~125 毫米坦克炮,发射尾翼稳定式脱壳穿甲弹,直射距离达到 1800~2200 米,而且很多三代坦克还具有发射炮射导弹能力;配备热成像瞄准具和先进的火控系统,具有全天候作战能力;采用复合装甲或贫铀装甲,有的还披挂反应装甲,防护力比第二代坦克提高 1 倍;战斗全重一般在 50 吨左右,最轻的 35 吨,最重的 62 吨;越野速度 45~55 千米 / 时,最大速度达 75 千米 / 时。

4. 第四代主战坦克

第四代主战坦克是对未来即将出现的新式坦克的定义。第四代主战坦克拥有比第三代主战坦克更优秀的性能、更强大的武器装备,隐身性能是其最突出的特性,还具有良好的机动性,速度在 80 千米 / 时以上、重量在 70 吨左右,造价比前三代都要高,单价都在 1000 万美元以上。2015 年 5 月 4 日,第四代坦克的首款作品——俄罗斯"阿玛塔"坦克首次揭开神秘面纱。

第2章

"挑战者" −2
主战坦克

"**挑**战者"-2 主战坦克是英国阿尔维斯·维克斯（Alvis Vickers）公司生产的一款主战坦克。1994 年 3 月第一辆"挑战者"-2 问世。相比"挑战者"-1，"挑战者"-2 的最大变化是拥有第二代"乔巴姆"装甲。在 2003 年伊拉克战争中，"挑战者"-2 就是凭借这身装甲获得了"刀枪不入"的美誉。

目前，英国陆军"挑战者"-2 坦克的数量并不多，生产线也早已关闭多年。"挑战者"-2 会是英国人研发的最后一款主战坦克吗？

1916 年 9 月 15 日拂晓，法国北部索姆河畔的费莱尔－库尔杰莱提战场上，晨曦薄雾下的丘陵、山林和村庄时隐时现，蜷缩在由铁丝网、机枪和堑壕组成的坚固野战工事里的德军士兵们依稀听到了一种奇怪的轰鸣声，其间还隐约夹杂着钢铁的撞击声。不久，德军士兵已经可以看清，一个个黑色"钢铁怪物"越来越近，轰鸣声和钢铁的撞击声响也越来越大，大地开始在不断颤动。

慌乱之中，德军士兵们操起机枪和步枪，猛烈射击"钢铁怪物"，然而"钢铁怪物"似乎毫不在意地向前隆隆怒吼着开进，履带铿锵作响。它们在泥泞的弹坑间如履平地般驶过，压倒了曾阻挡过无数步兵的铁丝网，越过了堑壕，德军的工事被碾压得支离破碎。

这种令人生畏的新式武器，就是世界上第一种投入实战的由英国福斯特工厂制造的 I 型坦克。而英国海军此前因第一辆坦克样车"小游民"奇特的外形开玩笑地把它叫作"水柜"（Tank，英文发音就是"坦克"）。其实，"Tank"也是坦克研制项目的代号。

◎ "坦克之父"厄雷斯特·D. 斯文顿

◎Ⅰ型坦克。车体庞大，外廓呈菱形，安装过顶履带，车尾装1对转向尾轮，装甲厚度6～12毫米，最大行驶速度6千米／时。由于当时人们还不知道如何配置坦克的最佳火力，所以英国人建造了"雌""雄"两种Ⅰ型坦克。其中"雄性"战斗全重28.45吨，武器为2门57毫米火炮和4挺8毫米机枪；"雌性"战斗全重27.43吨，仅装4挺7.7毫米机枪和1挺8毫米机枪。1916年，英国共生产150辆Ⅰ型坦克

一、百年之路：从"水柜"到"挑战者"

作为坦克的诞生地，英国坦克在坦克发展历史中占据着一个特殊的位置。除了第一次世界大战的"水柜"开山之作，在第二次世界大战期间，英军坦克被分为步兵坦克和巡洋（骑兵）坦克。步兵坦克主要用于掩护步兵进行作战，"瓦伦丁""玛蒂尔达"和"丘吉尔"是典型代表。其中，"瓦伦丁"步兵坦克一直生产到1944年4月，是英国坦克中生产数量最多的型号之一，总数量8275辆，其中6855辆产自英国，其余1420辆由加拿大生产。根据租借法案和其他条令，2394辆"瓦伦丁"坦克提供给了苏联军队，其中大部分装上了苏军的76.2毫米口径火炮，从莫斯科战役开始到战争结束，苏军一直在使用这款步兵坦克。

1938年，英国维克斯公司生产的A11型坦克（后来称"马蒂尔达"1）

◎ "瓦伦丁"（Valentine）步兵坦克。"二战"中"瓦伦丁"拥有多种改型，其中最著名的是 76.2 毫米的 17 磅（1 磅 =0.454 千克）火炮反坦克歼击车"弓箭手"和喷火"瓦伦丁"

交付英军使用，其后研制的改进型车 A12 型（后来称"马蒂尔达"2）步兵坦克于 1939 年 9 月开始装备英军。在"二战"的北非战场上，A12 型坦克打出了威风，英军坦克兵亲切地称它为"战场女皇"。在欧洲国家中，战争女神——希尔德加德（Hildegard）的名字是很响亮的。在英语圈国家中，"Hildegard"的简略型"Hilda"，是欧洲女性常用名"Madilda"的语源。"Madilda"既是一般英国女性的名字，也含有"战争女神"的寓意。"玛蒂尔达"2 型步兵坦克是世界上唯一以女人名字命名的坦克，厚重的装甲足以媲美重型坦克，在"二战"战场上德军只有 88 毫米防空炮才可以穿透它的装甲。

◎典型 88 毫米高射炮阵地。每个炮组 8 人。88 毫米高射炮不但能打飞机，还能用来打坦克，射速极快，理论上可以达到 22 发 / 分（防空型配供弹装置），对地面目标，熟练的射手可以达到 10 ～ 15 发 / 分

◎享有"二战"英军"常青树"美誉的"玛蒂尔达"2型步兵坦克

　　巡洋坦克的典型型号主要有"十字军""克伦威尔""彗星"，特点是行驶速度快，但装甲较薄。装有一门40毫米炮的"十字军"坦克最大速度达到43.2千米／时，北非战场上的德国和意大利军队曾对"十字军"的机动性羡慕不已，意大利甚至还试图仿制"十字军"。"克伦威尔"巡洋坦克于1943年1月开始生产，共有8种车型。早期研制的"半人马座"坦克以及后来研制的"挑战者"和"复仇者"坦克，都属于"克伦威尔"坦克系列。为了安装最新的77毫米坦克炮，英国陆军委托成功研制"克伦威尔"坦克的白金汉铁路与车辆公司研制"彗星"式坦克，1944年9月，第一批坦克出厂。"彗星"是英国巡洋坦克家族中的最后一个成员，不过当它渡过莱茵河时，"二战"已近尾声。"彗星"坦克曾在"二战"后的朝

◈ 现代坦克的划代标准

知识链接

　　第一代坦克的主要特征是采用100毫米线膛炮，单向射击稳定（高低方向），只具备静-静射击能力。典型型号是苏联T-54/55坦克、美国M47/48坦克。后期型号装有早期的红外探测设备。沿袭"二战"的习惯，第一代坦克还分轻、中、重型。
　　第二代主要特征是采用110～115毫米坦克炮，具有双向稳定射击能力（高低和左右），装有第一代微光夜视设备，具有静-动射击能力。典型型号是苏联T-62坦克、美国M60坦克和法国AMX-30坦克。从第二代坦克开始，坦克取消了轻、中、重型坦克之分，而是分作主战坦克和侦察（轻型）坦克。

◎ "十字军"坦克。重量近20吨，乘员4人，共制造5300辆，占战时英国坦克总产量的19.6%，改进后的"十字军"坦克在阿拉曼战役之前，一直是"沙漠之鼠"第7装甲师的主力坦克。1943年起改作训练车

鲜战场上服役，并被英国一直使用到1958年，它的后继者就是"百夫长"坦克。出口的"彗星"坦克在有些国家使用到20世纪70年代。

英国第一种通用坦克是"百夫长"坦克，这是一款设计相当成功的坦克，成为西方国家的第一辆主战坦克，英国坦克的设计也由此步入现代主战坦克阶段。虽然"百夫长"坦克在1945年11月正式开始大规模生产的时候，第二次世界大战已经结束了，但是其划时代的意义加上优秀的性能，使之成为坦克的经典之作乃至坦克发展史上的传奇。

在"二战"后参战最多的坦克中，"百夫长"坦克算是响当当的一个。它除参加了朝鲜战争外，还被广泛用于印巴战争、越南战争、中东战争、两伊战争和安哥拉战争等，经受了战火的考验。

第三代特征是采用120～125毫米坦克炮，装备猎-歼火控系统、第二或第三代微光夜视设备，具有动-动射击能力。典型型号是苏联T-72、T-80主战坦克和美国M1系列主战坦克。从防护上看，第一代、第二代坦克的早期型号不具备挂附加装甲的能力，第三代坦克大都具有外挂反应装甲的能力。

第四代坦克装甲厚度相当于1000毫米均质装甲（不加挂反应式装甲时），防护性能更佳。炮口动能在18兆焦以上，主炮的口径在140毫米以上。机动性在80千米/时以上，无人炮塔。配备一体化信息系统，包括车际信息共享、平台任务综合化、部件自动化与状态监测、信息设备标准化等，具备统一指控、态势共享、协同攻防、综合保障等功能。

◎ "百夫长"坦克。这款英国人在"二战"末期开发的主战坦克，虽然在战争结束前有 6 辆原型车被送到欧洲战场，但并未赶上任何战斗。1973 年赎罪日战争中以色列国防军第 7 装甲旅在戈兰高地用 100 辆改进的"百夫长"坦克击毁了叙利亚 600 辆 T–55 和 T–62。直到 2006 年，以色列陆军仍旧使用改装自"百夫长"坦克的装甲人员运输车与战斗工兵车

　　1973 年 10 月 6—7 日，"百夫长"坦克迎来最辉煌一战。以色列国防军在戈兰高地以第 7 和第 188 装甲旅在近 80 千米长的战线上对抗叙利亚 5 个师近 1500 辆坦克的轮番冲击。从 10 月 6 日下午 2 时叙利亚军队发起总攻到 10 月 8 日黎明，虽然以色列国防军第 7 和第 188 装甲旅几乎损失殆尽，但他们迫使叙利亚军队在戈兰高地留下了近 600 辆坦克残骸。以色列公布的"百夫长"坦克的损失数量仅为 200 辆左右，而与之对抗的叙利亚军队则几乎丢掉了两个半装甲师，这一比例堪称历史纪录。

　　"百夫长"坦克的出色性能和良好的战场表现使它不仅受到英国人的喜爱，还出现在许多国家的军队中。此外，"百夫长"坦克进行了多次现

◎"挑战者"–1坦克。"挑战者"是英国维克斯防务系统公司生产的主战坦克，1983年列入英军装备，用以取代英军20世纪60年代装备的"酋长"坦克。它是较重的一种主战坦克，有"挑战者"–1、"挑战者"–2及最新的"挑战者"–E

代化改装，总共产生了13种改进型号。1945年底开始生产，1962年停止生产，总数达4423辆。除装备英国陆军外，还有2500辆以上出口到英联邦各国和其他国家。

"挑战者"是英国在"冷战"高峰期设计的坦克。因为一直使用线膛坦克炮，这也使英国陆军成为目前世界陆军中少有的依然使用线膛炮而不是滑膛炮作为坦克主炮的"标新立异者"。

冷战

冷战是指1947年至1991年之间，以美国、北大西洋公约组织为主的资本主义阵营，与苏联、华沙条约组织为主的社会主义阵营之间的政治、经济、军事斗争。由于双方奉行"相互遏制、不动武力"原则，所以对抗表现形式主要为局部代理战争、科技和军备竞赛、太空竞赛、外交竞争等，因此称之为"冷战"。

1946年3月5日，英国前首相温斯顿·丘吉尔在美国富尔顿发表"铁幕演说"，正式拉开了冷战序幕。1947年3月12日，美国的杜鲁门主义出台，标志着冷战开始。1991年华约解散，之后苏联解体，标志着冷战结束。

◎ "挑战者""酋长""百夫长"坦克三世同堂。英国战后坦克的发展基本上是一脉相承的，从"百夫长"到"酋长"，再到"酋长"900（伊朗狮），之后是"挑战者"-1 和"挑战者"-2。可以说，"挑战者"-2 和"酋长"的差别，比起"豹"2A6 和"豹"1 的差别要小得多

二、"挑战者"-2：亚瑟王的精英

"挑战者"-2 是在"挑战者"-1 基础之上研发的型号，也是英国至今研发的最先进坦克。1998 年开始服役，计划服役到 2035 年。

在坦克设计上，英国一直保持自己的独特风格，"挑战者"-2 就极好地体现了这个特色。它的战斗全重 62 吨，属于重量级选手，但是动力依旧沿用了 CV-12 柴油发动机，输出功率 1200 马力（1 马力 =735 瓦特），最大公路速度只有 59 千米 / 时，越野速度 40 千米 / 时，在现代坦克中这个数值是最低的。

顺便说一点，尽管英国是世界上第一个将坦克投入实战的国家，也曾是全球主要的坦克研发国，长期引领着坦克技术的发展潮流，但英国人对坦克动力的研发却一直不够"用心"，凭借自己一流的航空发动机技术，早期的英国坦克直接用航空发动机，"百夫长"的"流星"MK4B 活塞式

◎射击中的英国陆军皇家坦克团的"挑战者"-2坦克。它是"挑战者"系列的第三种车型，第一种车型是"二战"时制造的"克伦威尔"坦克，第二种车型是现身于海湾战争的"挑战者"-1坦克

汽油机就是源自"二战"的"梅林"活塞式航空发动机。

"挑战者"-2继承了"挑战者"-1的基本布局，因为取消了炮塔外部的杂物箱，炮塔外观简洁了许多。"挑战者"-2换装第二代"乔巴姆"复合装甲，整体防护力效能大幅提升。在英国人的眼里，"挑战者"-2防护水平超过M1A2坦克。

"挑战者"-2的主要武器是1门L-30A1型120毫米55倍口径线膛炮，可载炮弹52发，曾经创造5.1千米外命中目标的纪录。

除了英国皇家陆军外，阿曼皇家陆军也是"挑战者"-2的用户，用于替代阿曼皇家陆军中旧有的"挑战者"-1坦克。

"挑战者"-2首次接受的实战考验是20世纪90年代中期巴尔干半岛上的地区性冲突。其间，装备"挑战者"-2的英国部队加入了联合国和平部队，防止南斯拉夫林立的各派系发生流血战事。由于南斯拉夫各派系的装备都十分老旧，主要是T-55坦克，"挑战者"-2等西方坦克基本上是为外销"作秀"。

◎在波兰参加联合军演的"挑战者"-2主战坦克

在 2003 年的伊拉克战争中，英军的主要任务是包围、攻克巴斯拉等伊拉克南部重镇。"挑战者"-2 的对手包括 T-54/55、T-72 坦克和 BMP-1/2 步兵战车。

"挑战者"-2 遭遇的第一场大规模坦克战是 2003 年 3 月 17 日傍晚，被英军包围于巴斯拉的伊军集结百余辆坦克打算突围，英军发现后立刻调集火力展开攻击。在炮兵和美军强大空中武力的支援下，以"挑战者"-2 为主力的英国陆军充分发挥火力与夜战优势，激战一夜后大获全胜，遭到重创的伊军被迫退回原阵地。

不过在伊拉克战争中，"挑战者"-2 受瞩目之处并不是完胜伊军，反

知识链接

RPG火箭筒

RPG学名"火箭助推榴弹发射器"，俗称反坦克火箭筒，是一种发射火箭弹的便携式反坦克武器，主要用于近距离打击坦克、装甲车辆和摧毁工事等目标。

RPG和AK-47同列为20世纪步兵武器之王。装配穿甲高爆弹头的RPG能有效摧毁装甲薄弱、防护力低下的交通工具，如高机动车、运输车、装甲运兵车、轻型坦克以及直升机。1993年美军在摩加迪沙巷战中，2架"黑鹰"直升机就是遭到RPG攻击而坠落。

◎ A-10 "雷电"攻击机。被美军昵称为"疣猪"，是美国空军现役唯一一种负责提供对地面部队的密集支援任务的型号，其攻击对象包括攻击敌方坦克、武装车辆、重要地面目标等

倒是几起遭自家人误击的乌龙事件。2003 年 3 月 24 日夜里，两辆英军"挑战者"-2 由于相互识别错误而交火，其中一辆"挑战者"-2 的侧面被另一辆自家坦克主炮击中贯穿，车上乘员两死两伤。俗话说："祸不单行"。同年 3 月 28 日夜间，美国空军一架 A-10 攻击机在巴斯拉附近击毁两辆"挑战者"-2，造成英军士兵一死三伤。

　　除此之外，"挑战者"-2 在伊拉克屡屡受到单兵反坦克武器陷阱、大规模简易爆裂物或近距离瞄准脆弱部位猛攻等种种超乎以往的严厉挑战，出现多次严重毁伤。

　　2006 年 8 月，一辆"挑战者"-2 在伊拉克南部遭到游击队伏击，一枚

　　另外，改装云爆弹头的RPG则适用于打击躲藏在地面建筑物、碉堡或地下掩体内的敌方。RPG极高的通用性和改装性使得它不仅仅是一款纯粹的单兵反坦克武器，还是一门灵巧多变的"步兵支援大炮"。

RPG-29 火箭击中车头下部，引爆装设的反应装甲后继续贯穿车体，喷流进入驾驶舱，将驾驶员的腿击伤（最后失去三根脚趾），另外两名乘员受轻伤。2007 年 4 月 6 日，又有一辆"挑战者"-2 在巴斯拉的道路上遭到爆裂物袭击，驾驶员受伤被迫截肢。

当然，"挑战者"-2 的防护能力也不能小视。伊拉克战场上，一辆"挑战者"-2 在持续几小时的激烈遭遇战中遭到 8 枚"米兰"反坦克导弹或 RPG 击中，外加无数小口径机枪炮近距离扫射，但最严重的损伤也只是观测器受损，乘员则安然无恙，坦克返回基地后只花了 6 小时整修便能再度出勤。由此看来，英国人宣称"挑战者"-2 没有被敌军完全摧毁的纪录，此言不虚。

"挑战者"-2 也有过后继改进计划，比如：换装射速更高的滑膛炮，可惜生不逢时，一方面军费紧张，另一方面受"坦克无用论"影响，英国作为特别喜欢追赶"时尚理念"的国家，即便在伊拉克战争中坦克有着良好的表现，其拥有的坦克数量还是一再压缩。

目前英国陆军仅保留了 2 个坦克团，每团 56 辆坦克，合计 112 辆。英国正在计划列装新一代装甲车辆，最终代替坦克。英国会是第一个淘汰坦克的国家吗？也许这又是一个世纪之问。

◎ "挑战者"-2 坦克。在第三代坦克中，"挑战者"-2 的火力和机动性评价一直不高，唯独防护力受到赞扬，炮塔防护采用的是第二代"乔巴姆"复合装甲，炮塔中还装有一套核生化防护系统

"挑战者"主战坦克基本数据

项目	数据
乘员	4 人
战斗全重	62.5 吨（满载）
全长	11.55 米
车长	8.32 米
车宽	3.71 米
车高	2.53 米
公路最大行程	550 千米
公路最大速度	59 千米 / 时
主要武器	1 门 L-30A1 型 120 毫米线膛炮，2 挺 7.62 毫米并列机枪

三、"乔巴姆"装甲

英国坦克向来有重视装甲防护的传统。在世界军火市场上，"挑战者"并没有争得多少份额，但在世界坦克发展史上却占有重要地位，其主要原因就是率先采用了具有开创意义的"乔巴姆"复合装甲，使坦克的防护能力跨上了一个新台阶。

20 世纪 50—70 年代，欧美在复合装甲的发展上远远落后于苏联。当时"豹"1 的正面装甲厚度不足 100 毫米，M60 也仅仅 150 毫米，基本还停留在单一铸造钢的水平。欧美当时的主流观点是在坦克三大要素中机动性高于防护性，普遍认为高机动性可以部分替代防护，这一观点的合理性是因为当时的火控系统水平有限，很难捕获和跟踪高速机动的目标。

20 世纪 60—70 年代，英国科学家发现氧化物陶瓷不仅硬度高、耐磨性极好，而且其防弹机理与金属也有很大的不同，金属是由于塑性变形而吸收射弹的动能，陶瓷则是由于其破裂而吸收射弹的动能。经过十几年的反复试验，英国成功研发出"乔巴姆"复合装甲的雏形。乔巴姆是英国一个并不起眼的小镇，英国装甲研究院就设在这个小镇上，"乔巴姆"复合装甲也就由此得名。

到"挑战者"时代，"乔巴姆"复合装甲已被公认为第二次世界大战以来坦克设计和防护方面取得的最显著成就，与等重量钢质装甲相比，不仅大大提高了对抗破甲弹和碎甲弹的防护能力，而且体积和重量增加不多。例如，装有"乔巴姆"装甲的"挑战者"–1 坦克比"酋长"MK5 型重量仅增加 7 吨，但装甲防护能力却有天壤之别。

1991 年 2 月 25 日，装备 157 辆"挑战者"–1 型坦克的第 7 装甲旅奉命向科威特城进发，行进途中与数量明显占优势的伊拉克坦克部队遭遇，经过一整夜激烈的战斗，英军以无一坦克受损而击毁伊军 300 辆 T–72 等型号坦克的战绩大获全胜。

从海湾战争的实战来看，坦克业内人士将"乔巴姆"装甲的出现视作坦克防护领域一次划时代的飞跃并不为过。"乔巴姆"装甲能有效地防护破甲弹、碎甲弹和钨弹芯脱壳动能弹，防护穿甲弹的能力是均质钢装甲的 3 倍。

"乔巴姆"装甲防弹能力强源于它是一种有多层结构的复合装甲，其内层和外层都是又硬又韧的钢装甲，中间一层则是厚厚的陶瓷装甲。用作装甲夹层的陶瓷装甲，如氧化铝、氧化锆等，不仅硬度高、耐高温、抗热冲击性好，更重要的是它在高速冲击下的强度（专业上称作"雨果纽强度"）要比钢高出 10 多倍，可以有效地抵御破甲弹金属射流和高速穿甲体的冲击。当射流穿过外层合金钢板后侵入复合层时，装甲在特种橡胶等材料的缓冲下向内凹陷，同时带动侵入通道周围的复合层分离出大量裂片，对射流实施强烈的切割或毁伤动作，而经过膨胀反应层损毁的已经分散的射流，再接触由陶瓷构成的第三层复合层的时候已经变得软弱无力，再被进一步消耗能量，最终射流的冲击被阻断，从而实现良好的防护。

⊕ **穿甲弹和破甲弹**

知识链接

　　穿甲弹（AP）、破甲弹（High-Explosive Anti-Tank）和碎甲弹（HESH）是反坦克的三种主要炮弹。由于复合装甲的应用，碎甲弹已显老态，战场上常见的是穿甲弹和破甲弹。两者的区别在于撕开装甲的方法和原理不同。

　　穿甲弹是依靠弹头的动能撕开装甲，弹头越尖，硬度越大，速度越快，撕开坦克装甲的概率也就越大。其特点为初速快、射击精度高。目前最先进的是贫铀穿甲弹。

　　破甲弹应用了门罗效应，也称聚能效应，可以简单理解为定向爆破技术，破甲弹爆炸后形成的高温高压金属射流，对装甲产生熔蚀作用。目前应用范围超过穿甲弹。

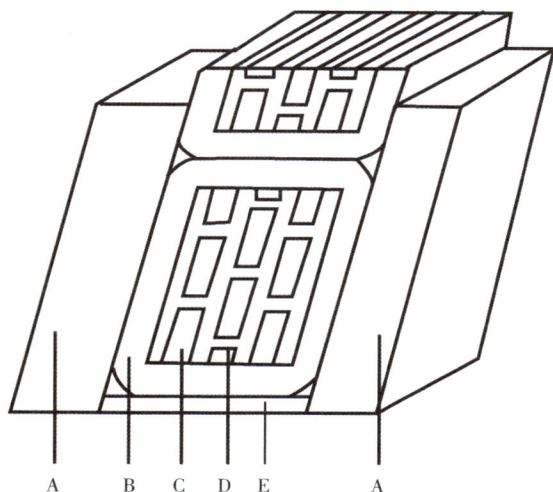

A.普通均质装甲
B.钛合金或合成树脂蜂窝状框架
C.陶瓷块
D.环氧树脂或特种黏合剂
E.固定装甲块的辅助薄钢板

◎英国"乔巴姆"陶瓷复合装甲结构示意图

在第一次海湾战争中，曾经有 2 辆"挑战者"-1 被伊拉克陆军装备的第一代"米兰"反坦克导弹命中正面主装甲，但均未被击穿。早期型号"米兰"的战斗部破甲威力是 700 毫米。由此可见，"乔巴姆"装甲对破甲弹的防护效果还是非常不错的。而在抵御尾翼稳定脱壳穿甲弹方面，"乔巴姆"装甲也还算说得过去，尽管没有像对付破甲弹那么理想，但是通过夹层中大量布置的陶瓷片对弹芯进行"硬碰硬"的碰撞而使弹芯减速和钝化，可对弹芯造成毁伤。

可以肯定的是，先进的装甲防护，时至今日仍然是英国坦克最为突出的技术优点。

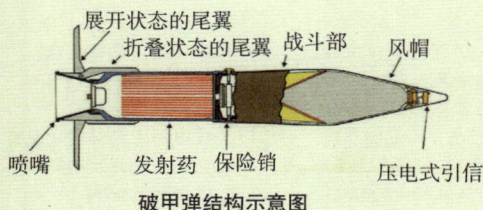

展开状态的尾翼
折叠状态的尾翼 战斗部 风帽

喷嘴 发射药 保险销 压电式引信
破甲弹结构示意图

风帽穿甲弹示意图。风帽碰到装甲后被弹飞，穿甲弹起到穿甲作用。左为穿甲效果图

四、线膛炮——英国坦克的标签

同样值得称道的还有英国人的坦克炮，从第二次世界大战末期的 17 磅炮、20 磅炮到 L7 型 105 毫米坦克炮、L11 和 L30 两款 120 毫米坦克炮，线膛炮已经成为英国坦克的最大标签。

1856 年，法国人在与意大利人进行的战争中首次大量使用了这种革命性的线膛火炮，从此翻开了火炮发展史上的新篇章。自坦克诞生伊始，线膛炮在这个新武器平台上就牢牢占据着不可动摇的地位。"二战"中，从 T-34/76 的 76.2 毫米口径 F-34/L42，到"虎"的 88 毫米口径 L/56，线膛炮可谓一统江湖。

线膛炮在坦克上的这种辉煌一直延续到了"二战"后，英国 105 毫米 L7、苏联 100 毫米 D-10，美国 90 毫米 M41 线膛炮成了"二战"后第一代经典坦克炮的代表。不过，当时光进入 20 世纪 60 年代，随着 T-62 在莫斯科红场上出现，一门别出心裁的 2A20 式 115 毫米口径滑膛坦克炮将这一切搅了个天翻地覆——在坦克这个平台上，线膛炮的地位有史以来第一次受到了挑战，线膛坦克炮与滑膛坦克炮开始了第一次真正意义上的正面交锋。

从某种意义上来说，2A20 式坦克炮这个"搅局者"有着双重开创性。一方面，它是世界上第一种正式服役的量产型大口径滑膛坦克炮；另一方面，它又是苏联第一种真正意义上专门设计的坦克炮。也就是说，苏联人第一次设计专门的坦克炮就抛弃了传统的线膛结构，目的只是为了发射长杆次口径动能弹。

知识链接

坦克"线滑"的比较

与线膛炮相比，滑膛炮的特色很鲜明：一是滑膛炮没有膛线，生产工艺简单、价格低廉，加上没有膛线磨损，炮管寿命要高于线膛炮（滑膛炮的高膛压会降低炮管寿命）。二是滑膛炮可以承受更高的膛压（线膛炮因膛线根部应力集中而容易产生裂纹），有利于提高弹丸初速和射程。

线膛炮的优势主要有两点：一是线膛炮几乎可以发射所有弹种，而滑膛炮的主要弹种是尾翼稳定脱壳穿甲弹（APFSDS）和高爆反坦克榴弹（HEAT）。二是线膛炮发射的炮弹攻击精度更高。这是由于在飞行中高速旋转的炮弹可以保持轴向的稳定性，且受风/气流的影响较小。而

◎ T–62 坦克：采用 1 门 2A20 式 115 毫米口径滑膛坦克炮。1961 年批量生产并装备部队，1965 年 5 月首次在红场阅兵中亮相。T–62 的生产一直持续到 20 世纪 70 年代末 T–72 投产时为止，共计生产约 2 万辆。除供应苏联陆军使用之外，还出口到世界上 27 个国家

　　我们知道，增加弹体长度和长径比是提高弹丸着靶比动能的一个重要手段。而滑膛结构在这方面无疑有着天然的优势。这其中的道理不难理解。跟普通穿甲弹一样，脱壳穿甲弹的弹体也需要通过火炮身管膛线赋予的旋转保持飞行，然而受材料水平的限制，这种旋转稳定要求弹体的长度和直径之比不能超过 5 : 1，否则在炮管中的高速旋转将会降低弹体的结构强度，精度也会随之下降，并且在弹头接触装甲时更容易跳弹。相反，采用滑膛结构的坦克炮却没有这方面顾虑，因为滑膛坦克炮在发射长杆高速动能脱

滑膛炮是利用尾翼来保持稳定，远程攻击的精度自然比不上线膛炮。

　　膛线的用途是在弹丸穿越炮膛时使弹丸旋转稳定。膛线深度取决于两个彼此矛盾的要求：一是深阴线更有利于射击精度并能减少膛线的磨损，二是浅阴线更容易减小弹丸在飞行中的空气阻力。

线膛炮身管内表面称作炮膛，通常刻有凹线或凸线，凸起的膛线称为"阳线"，反之称为"阴线"

壳穿甲弹时，完全不需要旋转稳定，而可以通过在弹芯尾部加上尾翼的方法来保持弹体飞行的稳定性。

继 2A20 式坦克炮之后，西方国家也在 L7 型 105 毫米线膛坦克炮的换代产品 RH120 上采用了滑膛结构，世界主流坦克炮由此进入了滑膛时代。但英国人在两代 120 毫米坦克炮上继续坚持了线膛炮的路线——L11 型 120 毫米线膛坦克炮被装到了"酋长"上，L30 型 120 毫米线膛坦克炮则被装到了两款"挑战者"上。

◎ 120 毫米 55 倍径高膛压线膛坦克炮

不过，任何事物都应该辩证地看，线膛炮相对于滑膛炮的劣势有一定的时代性。在当时来讲，所谓"线滑之争"，本质上是一个弹药问题。1972 年，美国在为 M68 型 105 毫米线膛坦克炮研制的 M735 次口径长杆脱壳穿甲弹上，开始尝试应用滑动弹带技术（实际上是通过一个特殊装置，使与膛线咬合的弹带旋转，而保持弹体稳定），革命性的技术突破由此出现，线膛炮不能发射尾翼稳定结构的长杆次口径脱壳穿甲弹的问题由此得以解决。

比较有趣的是，在线膛炮突破技术瓶颈重新显露综合优势的今天，滑膛炮仍然占据着坦克炮的绝大部分装备份额。即使英国人选择放弃坚守多年的 L30 型 120 毫米线膛炮，恐怕更多的是出于标准化考虑的经济因素而非技术原因。

第3章

ZTZ-99式
主战坦克

从 1999 年中华人民共和国成立 50 周年大阅兵初露峥嵘，到 2009 年中华人民共和国成立 60 周年大阅兵新装示人，再到 2015 年抗战胜利 70 周年大阅兵霸气通场，三次阅兵都出现了处于不同发展阶段的 99 式坦克。

凭借优异的防弹外形、炮塔和车体的复合装甲、强大的火力性能和综合性能，99 式主战坦克跻身世界最先进主战坦克行列。

一、125 毫米主炮的选择

ZTZ-99 式主战坦克是我国陆军装甲师和机步师的主要突击力量，是我国陆军新一代主战坦克，被称为"中国陆战王牌"。99 式主战坦克是 ZTZ-99 式主战坦克（ZTZ 是主战坦克装甲车——Zhǔ Tǎn Zhuāng 的缩写）的简称。

◎ 99 式主战坦克。由于装备了自动装弹机，99 式采用 3 人布局：前方为驾驶员（主炮下方），左侧为炮长，右侧为车长（操纵机枪者）

第三代主战坦克的火炮口径有两个选项——120 毫米坦克炮和 125 毫米坦克炮。在世界各国坦克家族中，西方国家基本上都采用 120 毫米滑膛炮，其中以德国莱茵金属公司 Rh120 毫米系列滑膛炮最为出众，几乎成为西方第三代主战坦克的通用火炮。而苏联开发的 2A46 系列 125 毫米滑膛坦克炮也是名满天下，它的列装数量超过了 10 万门。但在充斥着"尊西贬俄"论调的舆论场上，两者的境遇却截然不同，2A46 系列 125 毫米坦克炮饱受批评，以德国 Rh120 为代表的西方坦克炮则是赞誉有加。

99 式开始论证时，就有人提出，西方的 120 毫米口径性能很好，尤其是炮口动能和装药的匹配很好。但祝榆生总设计师认为，120 毫米炮的确很完美，但作为一件武器，它的生命力不及 125 毫米炮。M1A2 的 120 毫米炮，药室容积是 9.8 ～ 9.9 升；而俄罗斯出口型坦克的 125 毫米炮药室容积高达 13.4 升。当时我国的发射药药力低于西方，因此必须选择较大药室容积，才能使 99 式的火炮具有赶上乃至超过西方同口径炮的炮口动能。这两种火炮的药室容积、火药力和装药结构都不同。120 毫米炮因为药室容积小，即使改进发射药、加长身管，其炮口动能的提高潜力仍有限。125 毫米炮的大药室必然带来比 120 毫米炮大得多的炮口动能。

权衡之下，99 式坦克主炮口径最终选择了 125 毫米，但是，此炮非彼炮。由于采用了全新炮钢、镀层技术和液压自紧工艺等，国产 125 毫米炮的性能明显超过了国外的 125 毫米炮。靶场试验时，125 毫米炮进行了超过设计寿命要求的射击试验，射弹数百发，精度依然没有变化。而俄罗斯的 2A46 只打了 300 发，炮膛就已经烧蚀了 3.4 毫米，精度下降明显。

99 式坦克的 ZPT-98 式 125 毫米滑膛炮可配备新型的钨 / 铀合金脱壳穿甲弹、破甲弹和多功能杀伤爆破榴弹。穿甲弹初速可达 1940 米 / 秒，可在 2 千米距离击穿 850 ～ 960 毫米厚的均质装甲。比较而言，美国 M1A2 坦克穿甲能力仅为 810 毫米，德国"豹"2A6 主战坦克约为 830 毫米，日本 90 式主战坦克约为 650 毫米。

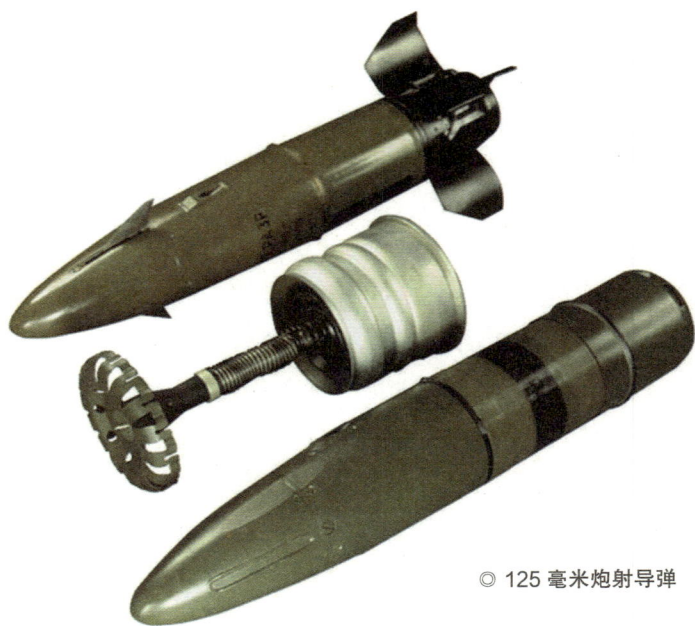

◎ 125 毫米炮射导弹

ZTZ-99式主战坦克基本数据

项目	数据
乘员	3 人
战斗全重	48 吨
车长	11 米
车宽	3.4 米
车高	2 米
主要武器	1 门 125 毫米滑膛炮，可发射尾翼稳定脱壳穿甲弹、破甲弹和榴弹 3 种不同类型的炮弹，列装激光制导炮射导弹系统；1 挺 7.62 毫米并列机枪；1 挺 12.7 毫米高射机枪
最大速度	60 千米 / 时
最大行程	400 千米

坦克炮射导弹

知识链接

　　作为现代坦克炮火力的重要补充和延伸，坦克炮射导弹将常规火炮、弹药技术与精确制导技术结合在一起。它是利用坦克的火炮、观瞄系统和指挥制导系统将导弹发射出去，并导向目标。在不改变坦克装甲车辆原有功能和使用操作方式的前提下，全面提高了坦克武器的综合作战效能，可将坦克的作战距离由2千米左右提高到4～5千米，是坦克发射常规炮弹射程的2～3倍，是地面反坦克炮射程的1～1.5倍，并具备精确打击装甲目标的能力。

　　1957年，苏联提出了第一代坦克炮射导弹的概念。美国从1958年开始研制坦克炮射导弹，并研制成功世界上最早的坦克炮射导弹"橡树棍"。20世纪80年代，由于导弹技术复杂，研究导

二、我国的坦克发展之路

1.59式中型坦克

仿制苏联 T-54A 坦克，终结了我国不能生产坦克的历史。1959 年 10 月 1 日，首批国产的 32 辆 T-54A 参加了中华人民共和国成立 10 周年大阅兵，这也是国产坦克首次向公众亮相。1959 年底，国产 T-54A 被正式命名为 1959 年式中型坦克（简称 59 式坦克）。

59 式坦克的车体为轧制装甲钢焊接结构，具有一定的倾角，车体前倾斜装甲板厚约 100 毫米，车体侧装甲厚 80 毫米。驾驶舱在车体左前侧，战斗舱位于驾驶员座椅后方的坦克中部位置，发动机和传动装置在车体尾部，发动机横置，用隔板与战斗舱隔开。

59 式中型坦克曾经作为中国陆军的主力作战坦克，使用时间长达 50 年，

◎ 20 世纪 50 年代世界上最先进的中型坦克之一——T-54。1955 年 11 月，我国从苏联获得了新型的 T-54 中型坦克及其改进型号 T-54A 样车。T-54A 中型坦克是 T-54 的一种重要改进型，装有 D-10TG 式 100 毫米线膛坦克炮

弹的成本比常规炮弹高很多，而发展坦克火控系统和先进的光电传感器，也可达到与制导炮弹相当的效果，因此西方国家逐渐放弃发展坦克炮射导弹，苏联却是将炮射导弹的研制"坚持到底"。

目前，俄罗斯炮射导弹处于世界领先水平。最新产品是9M119"芦笛"（北约代号为AT-11"狙击手"）炮射导弹，装配T-72和T-80坦克，由2A46型125毫米滑膛炮发射。"芦笛"重17.2千克，弹长450毫米，最大射击范围为5千米，平均飞行速度高达800米/秒，破甲厚度为770毫米。

59式中型坦克基本数据

项目	数据
战斗全重	36 吨
乘员	4 人
车全长（炮向前）	9 米
车宽	3.27 米
车高	2.4 米（至炮塔顶）
车底距地高	0.42 米
平均公路速度	30 ~ 33 千米 / 时
最大公路行程	440 千米
最大爬坡度	30°
越壕宽	2.7 米
越垂直墙高	0.8 米
涉水深	1.4 米
潜水深	5.5 米
主要武器	1 门 100 毫米线膛炮

与同时代的战后第一代坦克如美国 M48、日本 61 式、英国"百夫长"等坦克比较，59 式坦克在火力、机动、防护三大性能方面还是比较先进的。但随着时间的流逝，59 式坦克开始显得老旧。而我国部队规模庞大，对大量装备的 59 式坦克进行全面换装并不现实。因此我国陆军在逐步换装先进的 96 式、99 式坦克的同时，也开始了对 59 式坦克的改装。

（1）59-Ⅰ型坦克。1984 年设计定型。59-Ⅰ相比于 59 式中型坦克的最大变化是加装了激光测距仪和自动装表火控系统，采用了新型的 AP-100-2100 型 100 毫米尾翼稳定脱壳穿甲弹，药筒采用半可燃式药筒。该弹初速为 1480 米 / 秒，在 2.4 千米距离上可以穿透 150 毫米厚的均质钢板。

知识链接

药温——影响坦克射击精度的重要因素

通常来讲，在零摄氏度以上时，发射药药温越高，击发后产生火药气体的膛压也越高，随之而来的就是弹丸炮口初速越快。由于炮口初速的剧烈变化会使得火控系统的瞄准线出现很大的误差，因此现代主战坦克的火控系统在进行外弹道修正时，很重要的一个输入参数就是药温，并根据不同药温时炮口初速的不同编制射表。如果药温测量不准或者输入数据错误，会导致实际内弹道参数与火控系统射表不匹配，由此形成的瞄准线自然也不会完全准确，导致射击脱靶。

更致命的是，发射药很难一直保持恒温状态。当装有发射药的药筒装上坦克内部的自动装

经过改装，59-Ⅰ坦克在首发命中率、防护力、机动性等方面比 59 式坦克都有较大程度的提高。

（2）59-Ⅱ型坦克。最大亮点是换装了 1 门自紧身管的 81 式 105 毫米线膛炮。该炮是我国仿制奥地利的 L-7 型 105 毫米线膛炮，配有尾翼稳定脱壳穿甲弹、破甲弹和碎甲弹。

59-Ⅱ在外形上与 59 式和 59-Ⅰ式的最大区别是火炮抽烟装置从身管的前端移到了中部。改进后的 59-Ⅱ坦克，在火力系统、灭火系统、灭火抑爆系统、通信系统等方面已经接近世界先进水平。这次成功的改进，使 59 式坦克重新焕发了青春。

（3）59-ⅡA 型坦克。1985 年 10 月制造出第一辆样车，1987 年 7 月正式通过国家设计定型。该车安装了带轻型热护套的 105 毫米火炮和双向自动装表简易火控系统，车身挂装复合装甲，车内装有自动灭火抑爆系统，同时采用热烟幕及烟幕弹发射器、液压助力操纵装置以及工程作业装置等。

（4）59C 型坦克。主要是换装 1 门加长身管的 83 式 105 毫米线膛坦克炮。此外，该型坦克还可加挂反应装甲，以进一步提高防护能力。

（5）59D 型坦克。59 式坦克的最新改进型，战斗全重 37 吨，主炮为 1 门长身管的 83A 型 105 毫米线膛坦克炮。就火力而言，其已经达到了第三代主战坦克的水平。

59D 的外形与 59 式坦克有明显区别，如在炮塔前部和车体前上部挂有大量反应装甲，炮塔两侧各布置有 4 具烟幕弹发射器，炮塔后部有屏护栅栏，车体两侧有侧裙板。

（6）59-120 型坦克。一种装有 120 毫米滑膛坦克炮的 59 式改进型坦克，用于外销。59-120 所用的 120 毫米滑膛坦克炮有 48 倍径的 BW-120K

弹机时，车内的温度变化会对其产生影响。而在射击时，首发射击状态下身管内膛和药室温度较低，射击后温度会急剧升高，在这两种状态下进入药室的发射药温度会相差很大。

和50倍径的BK-1990两种。两者的主要区别是火炮、弹药基数与乘员人数。前者弹药基数20多发，乘员3人；后者弹药基数30发，乘员4人。在辅助武器和机动性等方面与59式坦克相同。

（7）59-125型坦克。专供外销的改进型号。主要改进内容是换装了1门125毫米滑膛坦克炮；加装有简易火控系统、简易热像仪和双向稳定装置；将原来59式的铸造炮塔改为焊接炮塔；换装1台730马力的发动机，大幅提高了机动性能。

（8）59-ⅡA扫雷坦克。59式坦克的变型车，在车前部安装有挖掘式扫雷器，可扫除两车辙间的触发式反坦克地雷，战时可在雷区为其他坦克

◎ 59D型坦克。战斗全重38.9吨，乘员4人。采用超长身管的105毫米线膛坦克炮，炮弹基数40发。辅助武器为1挺54式12.7毫米高射机枪（备弹500发），1挺59式7.62毫米并列机枪

知识链接

坦克激光测距仪

　　激光是20世纪60年代发展起来的一项新技术。它是一种颜色很纯、能量高度集中、方向性很好的光。激光测距仪是利用激光进行测距的一种仪器。它的作用原理很简单：通过测定激光开始发射到激光从目标反射回来的时间来测定距离。例如，用激光测距仪来测量月球的距离，如果激光从开始发射到从月球反射回来的时间被测定为2.56秒，激光发射到月球的单程时间就等于1.28秒，而激光的速度是光速，等于每秒30万千米。因此，测得的月球离地球的距离为单程时间和光速的乘积，即38.4万千米。

开辟通路。59-ⅡA 扫雷坦克适用于在一、二、三级较平坦的可耕地或生荒地上进行扫雷作业。

（9）VT-3 坦克。59 式坦克的深度改进型，也就是"五对轮魔改"。最初是为坦桑尼亚陆军研制的，从目前看有多个版本的改装套件。深度改进的这款 59 坦克被军迷称为"59 魔改"。

2. 69 式主战坦克

69 式主战坦克是我国自行设计、研制的第一代坦克，1974 年 3 月 26 日被命名为"1969 式中型坦克"，简称 69 式坦克。

© VT-3 坦克。它是在 59 式等老式坦克基础上，利用我国掌握的先进坦克技术对老式坦克进行改进，使其既具有现代化的作战性能，也不需要花费太多资金。该坦克适合定位于低端用户

激光测距仪目前广泛用于地形测量，战场测量，坦克、飞机、舰艇和火炮对目标的测距，测量云层、飞机、导弹以及人造卫星的高度等。

激光测距仪是提高坦克、飞机、舰艇和火炮精度的重要技术装备。坦克激光测距仪主要由激光器、发射系统、接收系统、电源、计数器和显示器等组成。按工作介质分为固体激光测距仪和气体激光测距仪。固体激光测距仪受气象和环境条件影响较大。气体激光测距仪受气象和环境影响小，不易损伤人眼，被现代坦克广泛采用。

作为我国自行设计的第一代坦克，69 式坦克在火力、防护、机动性能上比 59 式坦克都有较大提高，各项技术指标与苏联的 T-55 式相当，明显优于日本 61 式。但因种种原因造成研制时间过长，使本来比较先进的性能随着时间跨度的增大和科学技术的发展而显得逊色。因此，69 式中型坦克

69式坦克基本数据

项目	数据	项目	数据
战斗全重	36.5 吨	最大公路速度	50 千米 / 时
乘员	4 人	平均公路速度	32 ~ 35 千米 / 时
车全长（炮向前）	9.125 米	最大公路行程	440 千米
车宽（不带裙板）	3.27 米	最大爬坡度	32 度
车高（至炮塔顶）	2.4 米	越壕宽	2.7 米
发动机功率	580 马力	过垂直墙高	0.8 米
主用武器	1 门 100 毫米滑膛坦克炮	涉水深	1.4 米
辅助武器	1 挺 12.7 毫米高平两用机枪、1 挺 7.62 毫米并列机枪和 1 挺 7.62 毫米航向机枪		

◎ 69 式主战坦克。该坦克在我国陆军坦克装备史上处于一个很奇特的位置，既是自主研制的第一代中型坦克，又是装备数量最少的一型坦克，更是最早退出现役的一型主战坦克。目前仍然有大量 59 式坦克及其各种改进型号活跃在各地的演兵场上，而原本作为其替代产品装备新型滑膛炮的 69 式坦克却早已销声匿迹

◎ 84式坦克抢修车。使用69-Ⅱ底盘，无侧裙板，有推土装置

定型后没有大量生产。以后经过几次改进，其型号不断扩展，先后推出了69-Ⅰ、69-Ⅱ、69-Ⅲ型中型坦克，69-ⅡB、69-ⅡC、69-ⅡC1型指挥坦克，WZ653坦克抢救车，PGZ88式双管37毫米自行高炮，84式坦克架桥车等一系列改型和变型车，形成了69式坦克车族。

（1）69-Ⅰ型坦克。69-I的主要改进之处是用59式坦克的100毫米线膛炮代替了69式坦克的100毫米滑膛炮，没有装备装甲兵部队。

（2）69-Ⅱ型坦克。专为外贸而改进的69式坦克型号（我国坦克型号中，一般带"Ⅱ"的都是外贸型号）。与69式坦克相比，69-Ⅱ式的改进重点是提高火力系统和防护系统的性能，其主要改进项目是：把 100 毫米滑膛炮改为有 40 条膛线数的 100 毫米线膛炮，安装了坦克自动装表式简易火控系统。火炮重 1.97 吨，有效射程 0.7 ~ 1.2 千米。

（3）69-ⅡA 型坦克。1982 年在 69-Ⅱ主战坦克的基础上改进而成，主要是增设了全套三防系统，增加了带方位指示器的炮塔方向机，在炮塔两侧和后部加装了屏护栅栏，同时对压气机、烟幕、夜瞄等系统也做了改进。

69-Ⅱ 型坦克基本数据

项目	数据
战斗全重	36.7 吨
乘员	4 人
车长	6.24 米
车宽	3.3 米
车高	2.4 米
武器	1 门 100 毫米线膛炮（备弹 44 发）、1 挺 12.7 毫米高平两用机枪（备弹 500 发）、1 挺 7.62 毫米并列机枪和 1 挺 7.62 毫米航向机枪（共备弹 3000 发）
发动机功率	580 马力
最大公路速度	50 千米/时
平均公路速度	32 ~ 35 千米/时
最大公路行程	440 千米
装甲厚度	车体前装甲 97 毫米
车体顶部及舱盖	20 毫米
炮塔前装甲	203 毫米
最大爬坡度	32 度
越壕宽	2.7 米
过垂直墙高	0.8 米
涉水深	1.4 米

（4）69-ⅡB/C/C1 型指挥坦克。是与 69-ⅡA 配套使用的指挥坦克。主要改进是加装了 1 部 CWT-167 电台。但这三种指挥坦克也有一些区别，其中 69-ⅡB 在车尾装有 1 台发电机组，用于在静止时给电台供电；69-ⅡC1 的 2 台坦克电台共用 1 根 8099 型宽带天线。

（5）69-ⅡAP 型坦克。是一款出口巴基斯坦的 69-Ⅱ外贸型坦克。

（6）69-ⅡM 型坦克。1987 年开始设计，是在 69-Ⅱ主战坦克的基础上对火力、火控系统进行改装而成。最大的变化是换装了带有热护套的 105 毫米线膛炮，从而大幅提高了火力。此外，69-ⅡM 在车体首上甲板、炮塔正面和两侧裙板前部装上了附加装甲，提高了防护能力。

（7）69-ⅡMP 型坦克。69-ⅡM 坦克的改进外贸型。1989 年 7 月开始设计，1990 年底投入批量生产。最大改进是将红外夜视器材换为被动微光夜视器材，提高了夜战能力。

（8）69-ⅡMA 型坦克。69-ⅡA 坦克的改进外贸型坦克。主要是用双向装表火控系统取代了 69-ⅡA 上的自动装表火控系统，使反应时间大大缩短，对固定目标不大于 7 秒，对运动目标不大于 10 秒。1992 年 4 月开始研制，同年 11 月通过技术鉴定。

（9）69-ⅡMB 型坦克。与 69-ⅡMA 配套使用的指挥坦克。与 69-ⅡMA 的主要区别是该型坦克加装了 1 部 CWT-176 电台。

（10）69-120 型坦克。我国在 2003 年阿布扎比防务展上推出的外贸型坦克改装方案，主要是为 69 式坦克换装 120 毫米滑膛炮。

3. 79 式主战坦克

79 式是在 69-ⅡM 式中型坦克基础上，吸收了 59-Ⅱ部分改进项目发展而来的新型坦克，也被称为 69-Ⅲ式主战坦克。该型坦克也是我国在改革开放后引进西方国家先进技术改进国产坦克的首次尝试。

79 式坦克于 1981 年改装成功初样车；1984 年进行首批生产，同年 10 月 1 日，参加了国庆 35 周年大阅兵；1986 年 1 月被命名为"79 式中型坦克"。

4. 80/88 式主战坦克

1980 年，二代主战坦克被列入国家研制计划，1981 年确定了总体设计方案，被正式列入重点武器装备计划，命名为"80 式主战坦克"。在研制过程中，先后共试制出 12 台样车，累计试验行驶里程 10 万千米。1986 年 1 月，兵器工业部下达了对 80 式主战坦克整车定型、整车载荷测定等 6 项

◎ 79 式主战坦克：在火力、火控系统、特种防护、通信、防二次杀伤效应等方面都有重大提高，是 20 世纪 80 年代中期入役的最先进的国产坦克

79式坦克基本数据

项目	数据
战斗全重	37 ～ 37.5 吨
乘员	4 人
车长（炮向前）	9.22 米
车宽（不带裙板）	3.27 米
车高（至炮塔顶）	2.4 米
武器	1 门 105 毫米线膛炮（备弹 44 发）、1 挺 12.7 毫米高平两用机枪（备弹 500 发）、1 挺 7.62 毫米并列机枪和 1 挺 7.62 毫米防空机枪（共备弹 2250 发）
最大公路速度	50 千米 / 时
平均公路速度	32 ～ 35 千米 / 时
最大公路行程	400 千米
最大爬坡度	32 度
越壕宽	2.7 米
过垂直墙高	0.8 米
涉水深	1.4 米
潜渡深	5 米

科研计划；同年 3 月生产出定型样车，9 月完成单车 9000 千米行驶考核试验，仅用 5 个半月时间就试制成功，创历史最好水平。1987 年通过定型审查，1988 年 2 月，被正式命名为 ZTZ-88 式坦克，从而完成国产第二代坦克的设计研制工作。

80/88 式主战坦克虽然仍继承了 59 式、69 式的整体布局方式和铸造炮塔的基本结构，但是采用了许多新技术、新部件，如首次使用复合装甲提高防护力，采用功率为 730 马力的发动机，首次应用 6 个小直径负重轮（80 式坦克与 59 式、69 式、79 式坦克最明显的区别）等，其主要战技术性能已接近或赶上世界 20 世纪 70 年代末的先进水平。该型坦克的研制成功，标志着我国坦克事业进入一个新的发展阶段。

◎ 80 式坦克。其定型时间较晚，虽然只进行了小规模装备，但为我国后来一系列坦克的发展打开了思路

5. 85 系列外贸型坦克

85 系列主战坦克与 80/88 式主战坦克的最明显区别是炮塔由传统的半球形铸造炮塔改为焊接炮塔，这标志着我国的坦克设计开始完全摆脱苏式装备的影响，逐步拥有自己的特色。85 系列坦克主要包括以下型号：

（1）85-Ⅱ坦克。它以 80 式主战坦克底盘为基础，1989 年 5 月开始设计生产，12 月完成样车制造。最主要的改进是战斗全重增加到 39 吨；加装了 1 门 125 毫米滑膛炮；采用了自动装弹机，乘员由原来的 4 人减少为 3 人。

（2）85-ⅡA坦克。在 85-Ⅱ坦克基础上改进的车型，具有首发命中率高、夜战能力强、整车重量轻、机动性好、挂有复合装甲、防护性能好、生存能力强等特点。该坦克于 1989 年 5 月开始设计，当年年底试制出样车。

（3）85-ⅡAP坦克。在 85-ⅡA 坦克基础上改进的出口巴基斯坦的外贸型坦克，国内称为 85-ⅡM。

◎ 85-Ⅱ坦克。它是在 80-Ⅱ式主战坦克底盘的基础上，采用现代坦克最新技术改进的一种车型，主炮口径 125 毫米，最大公路速度 57.25 千米 / 时

◎ 85-Ⅱ AP式主战坦克：战斗全重41吨，乘员3人，主炮口径125毫米，最大公路速度57.25千米/时。采用稳像式火控系统，具有行进间射击运动目标的能力，并具有较高的首发命中率。另外，还装有性能先进的像增强器观瞄仪，具有良好的夜战能力

（4）85-Ⅲ坦克。从1993年开始研制的一种外贸型坦克，战斗全重44吨。主要改进是传动部分采用液压控制和行星齿轮箱，驾驶员可以根据需要选用自动、半自动和人工控制三种操作方式；动力舱是整体吊装的，战场上可在40分钟内拆装完毕；炮塔前部和车体前部挂装复合装甲块；装备稳像式火控系统，从发现目标到命中目标只需6秒，具备在行进间对活动目标的攻击能力；加装了GPS全球定位系统；变速箱采用T-72的双侧变速箱；发动机由85-Ⅱ的730马力提升到1000马力。

◎ 85–Ⅲ式主战坦克。也称作 88C 或 96 式坦克，是 85 式系列中最具代表性的产品，是我国国防工作者历经 8 年的艰苦奋战自行研制的准三代主战坦克，既可用于出口，也是我国陆军装甲机械化部队 21 世纪初期的主战装备

6. ZTZ-96 主战坦克

　　ZTZ–96 主战坦克简称 96 式坦克，是我国自行研制的新型主战坦克，也是 80 式坦克系列衍生型的最终成果。1995 年，在 85–ⅡAP 坦克基础上开始研制，1998 年正式定型，1999 年装备部队。

　　96 式主战坦克配备 1 门国产 125 毫米滑膛炮，安装 1 台 730 马力水冷涡轮增压柴油机，采用下反稳像式火控系统和数字型指挥仪，可外挂复合反应装甲，具有造价较低，火力、机动、防护水平较高的特点。

7. VT-4 坦克

VT-4 坦克全重 52 吨，最大速度 72 千米 / 时。潜入水坑深度 4 ~ 5 米，可以跨越 2.7 米战壕。装备了 1 门 125 毫米滑膛炮，可以发射固定弹翼穿甲弹、破甲弹、高爆弹药和炮射导弹。最大射程 5 千米，另外装有 12.7 毫米机枪和 7.62 毫米机枪各 1 挺，8 具 76 毫米烟幕发射器，4 具 76 毫米爆破弹药发射器，备弹 40 发，机枪射速 8 发 / 分。

作为一型先进的外贸坦克，它的研制几乎跟我国自用的最新型 99A 主战坦克同步，在国际竞争上，不管是综合性能还是单项性能，都超过了俄罗斯改进型 T-72 系列，紧逼欧美 M1A2、"豹" 2A6 等坦克。该坦克由于性能非常出众，价格也非常昂贵，所以适合那些比较富有的高端用户。VT-4 也被称为 MBT-3000。

◎ VT-4 坦克。乘员 3 人，采用手自一体挡，水冷 1300 马力涡轮增压柴油发动机

8. VT-5 坦克

这是我国专门研制的世界最先进的外贸轻型坦克，战斗全重 30 吨，采用 105 毫米滑膛炮，最大速度 70 千米 / 时。此外装有 12.7 毫米机枪 1 挺，35 毫米榴弹发射器，采用城市模块组件。

值得一提的是，VT-5 坦克防护装甲全面，不但挂装爆炸式反应装甲，两侧有裙板，炮塔具有格栅装甲，后部也装备有复合装甲。

◎ VT-5 坦克。因为重量小，运 -9 和 C-130 可以搭载 1 辆，而运 -20 则可轻松投送 2 辆

第4章

"豹" 2A6 主战坦克

说起德国造坦克，不少人都会竖起大拇指。"豹"2主战坦克一直被视为德国精工制作的最杰出代表，并长期占据世界十大主战坦克排行榜的 No.1。

经过几十年的不断改进和更新，"豹"2坦克已经发展成了一个庞大的坦克家族。除德国外，荷兰、瑞士、瑞典、西班牙、丹麦、挪威、奥地利、波兰、土耳其、新加坡等欧亚国家都先后装备了"豹"2，它也由此获得了"欧洲豹"的美誉。

一、"豹"2家谱

"豹"2是当之无愧的"陆战之王"，曾长期占据"世界十大主战坦克排行榜"的 No.1 位置。"豹"2是联邦德国在20世纪70年代研制的重型主战坦克，战斗全重55.15吨，最大公路速度72千米/时，最大行程550千米。"豹"2在同时代的西方主战坦克中拥有极为突出的外销成绩，这也使其至今仍不断地推出修改型以满足不同的需求。"豹"2共有 A1 ~ A7 等多个型号。

1. 结构特点

该坦克车体由间隙复合装甲（钢板之间以一小段距离隔开的装甲）制成，分成3个舱，驾驶舱在车体前部，战斗舱在中部，动力舱在后部。

驾驶员位于车体右前方，有一个向右旋转开启的单扇舱盖和三具观察潜望镜（中间一具潜望镜可以更换成被动夜视潜望镜）。驾驶舱左边的空间储存炮弹。炮塔在车体中部上方，车长和炮长位于右边，装填手拉于左边。

◎ "豹" 2 坦克涉水试验。现代坦克大多配备有涉水设备，包括通气筒、排气阀门、救生器材、航向仪、排水泵等，从而保证坦克能在水深不超过 5 米、水流速不大于 2 米／秒、较为平坦的河段上潜渡

炮塔后部有一个可储存一部分炮弹的大尾舱；炮塔顶上有两个舱盖，右边一个是车长舱盖，左边一个为装填手舱盖；炮塔左边有一个补给弹药用的窗口。

2. 研制历程

"豹" 2 主要技术来自 20 世纪 70 年代联邦德国和美国的 MBT-70/KPZ70 计划。1970 年因达不到两国军方的要求，MBT-70/KPZ70 计划告吹，德国便做出了研制 "豹" 2 坦克的决定。1972—1974 年间，克劳斯 - 玛菲·威格曼公司（欧洲最大的地面战斗车辆研制和生产厂商，代表作包括 "豹" 2 系列主战坦克和 PzH2000 自行火炮等）制出 16 个车体和 17 个炮塔，所有样车均装有 MBT-70 坦克的伦克（Renk）公司传动装置和 MTU 公司的柴油机。

潜望镜

潜望镜是指从海面下伸出海面或从低洼坑道伸出地面，用以窥探海面或地面上活动的装置。构造与普通的望远镜相同，但需要再增加两个反射镜使物光经两次反射而折入眼中。

使用潜望镜是处于水下航行状态的潜艇观察海平面和空中情况的唯一手段。而多数潜艇都安装有两部潜望镜，一部用于发现和瞄准水面目标，另一部主要用来观察海空情况和导航观测。潜艇在浮出水面前，艇长必须指挥潜艇在潜望镜深度先用潜望镜对海平面做一次 360 度的观察，只有在确认没有任何威胁的情况下潜艇才会浮出水面。为解决潜望镜和光电桅杆潜望高度低、不能远距离观察等问题，科学家进行潜艇+无人机技术的开发，用来支持潜艇在潜没状态下获得无人机从空中摄取的图像，从而提高潜艇的隐蔽性。

◎演习中的波兰装甲旅的"豹"2A5主战坦克。"豹"2防护水平最高的区域是车辆正面弧形区，重点防御尾翼稳定脱壳穿甲弹和反坦克高爆弹

◎"豹"2的1103千瓦整体式动力包，包括MTU873发动机、HSWL-354综合传动、调速式离心散热器、制动装置等

"豹" 2 "敢为天下先"的设计思想影响了多个国家主战坦克的设计，它率先使用了 120 毫米口径主炮、1500 马力柴油发动机、液压传动系统、高效能冷却系统和指挥仪式火控系统，成为西方国家 20 世纪末 21 世纪初的主流坦克。

3. 型号演变

（1）"豹" 2A1。1979—1983 年间生产，产量 1130 辆。

（2）"豹" 2A2。"豹" 2A1 的升级改进型。

（3）"豹" 2A3。1984 年开始生产，在"豹" 2A2 型坦克上采用了新型

◎土耳其目前拥有北约第二大常备军队，其陆军大约装备了 350 辆"豹" 2 坦克，均为 2005 年从德国国防军购入的二手"豹" 2。现正逐步升级为德国为土耳其量身定做的"豹" 2NG

SEM80/90 电台（天线较短），为炮长增加了便于瞄准和射击的依托支架，产量 300 辆。

（4）"豹" 2A4。1985 年开始生产，产量 370 辆。在"豹" 2A3 型上加装了数字式设备，配有弹道程序。有模拟训练用的射击模拟器和自动灭火抑爆系统。同期，德国翻新改造了之前所有的老型号，统一为 A4 型号标准。

（5）"豹" 2A5。这项改型始于 1994 年 1 月克劳斯·玛菲公司与德国陆军签订的 225 辆"豹" 2A4 坦克升级为 A5 的合同。"豹" 2A5 型增强了装甲防护，火控系统有重大改进，战斗全重增至 59.7 吨。自"豹" 2 主战坦克诞生之后，围绕它的改进工作一直都没停过。不过以大套件方式进行升级改造，是从"豹" 2A5 开始。

（6）"豹" 2A6。1999 年定型，换装了 55 倍口径的 120 毫米滑膛炮，使用新型穿甲弹。

◎ "城市豹"可全天候昼夜 24 小时在城区作战，车体四周布设摄像系统，提高了乘员在坦克闭窗后对周围环境的观察力。其坦克炮发射可编程高爆榴弹，能穿透三层墙体后击杀隐藏目标。辅助武器俯仰角大，可攻击躲在高层楼房或其他角落袭击的敌人，提升了坦克自卫能力。车前的推土铲可随时清除行动障碍

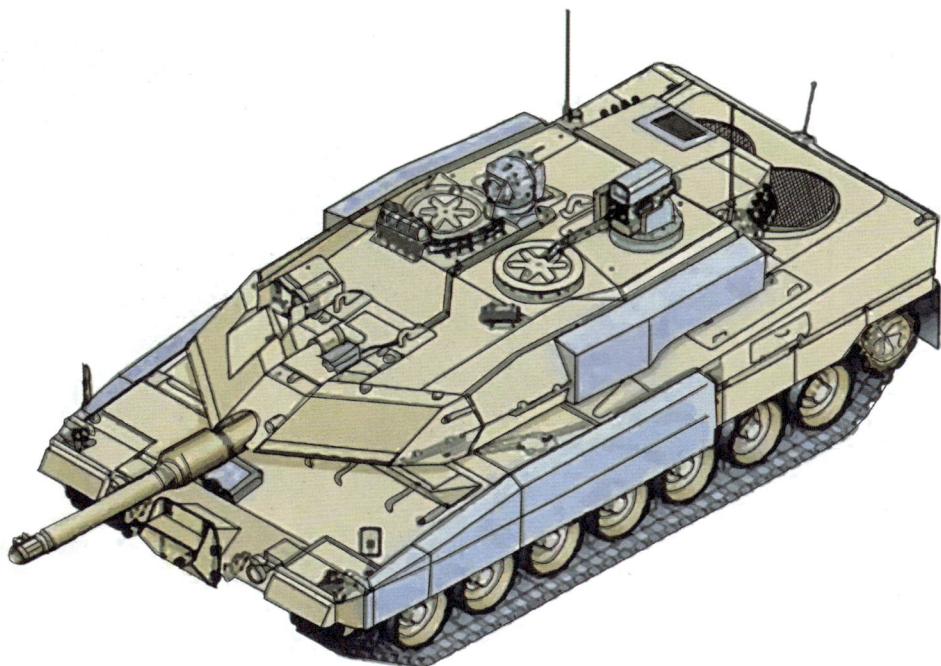

◎坦克城区作战的主要威胁来自以多种角度爆炸的地雷、简易爆炸装置（IED）和直瞄射击武器，如广泛使用的 RPG–7 火箭筒。"豹"2PSO 除安装新型防地雷组件（提供抵御反坦克地雷和爆炸成型穿甲弹的防护能力）之外，还在前部第 5 个负重轮的上部装备新型先进被动装甲侧裙部组件，附加外部炮塔侧部装甲也扩充到炮塔框架的后部

（7）"豹"2PSO。2006 年定型的"豹"2A5 改装版，其改装模板之所以选择"豹"2A5 而不选"豹"2A6，是因为"豹"2A6 主炮的身管长，不利于炮塔在狭窄的街道转动，但它采用了"豹"2A6 的许多先进技术。"PSO"原意为"维和行动车"，但人们更愿意称它为"城市豹"。

（8）"豹"2A7。在"豹"2A5 基础上升级而来的，2014 年下线并交付国外用户。适于传统军事作战和城区作战。

"豹"2A7 战斗全重达 67 吨，作为目前世界上现有的最先进的城市战主战坦克，其设计理念有许多独到之处。

首先，作为一款主打城市战的主战坦克，"豹"2A7 采用的是 44 倍口径

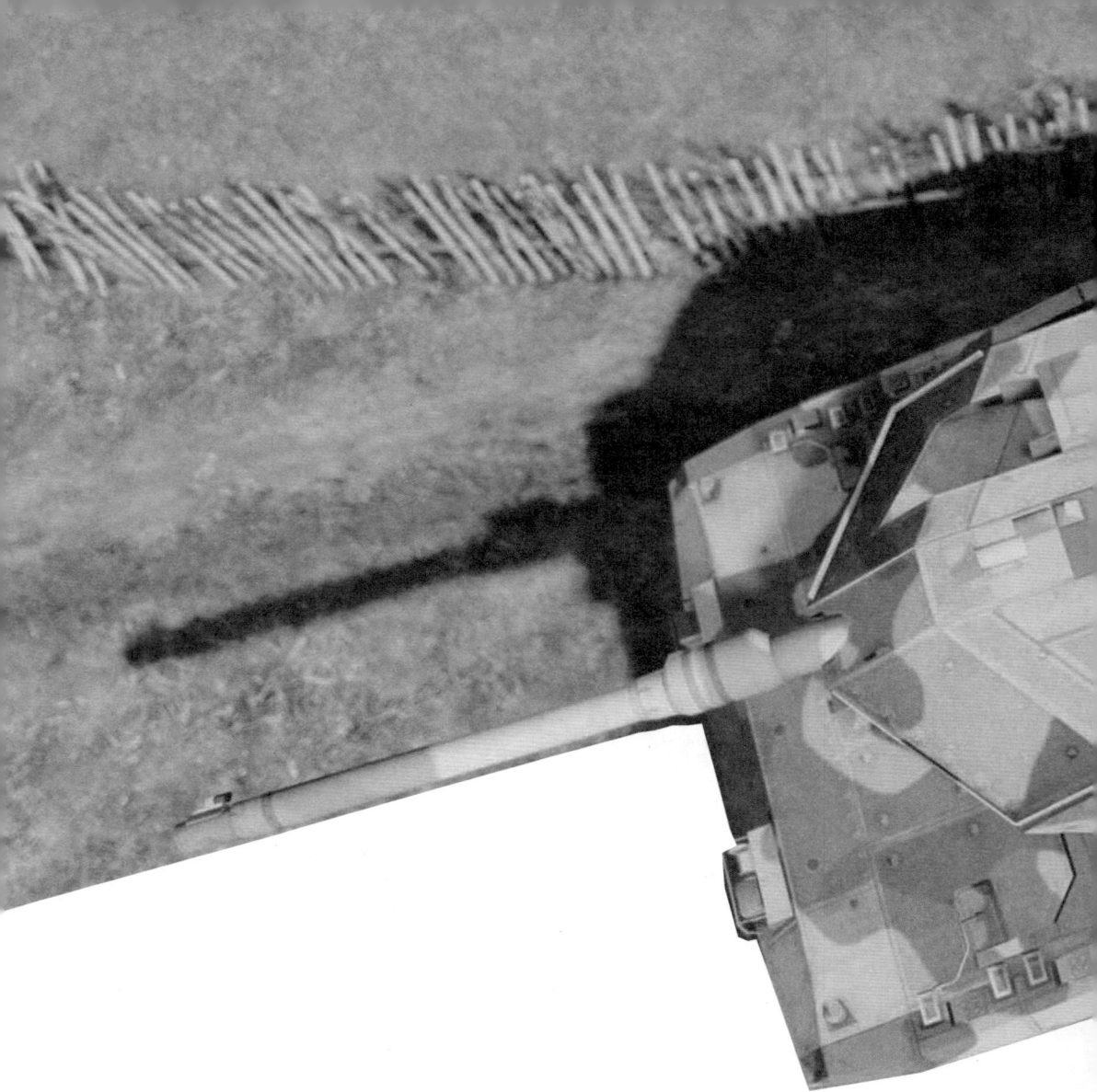

120 毫米滑膛坦克炮。相比之下，"豹" 2A6 采用的 55 倍口径坦克炮的炮管比 44 倍口径火炮长了 1.3 米。 之所以采用短管主炮，是因为较短的火炮身管可有效降低坦克的整体尺寸，便于其在城市的有限道路中进行有效机动。对灵活性的影响显而易见。较短的火炮身管的另一个优势，是有条件一步提升火炮的最大仰角。与 "二战" 时期的大规模城市战、巷战不同，当今世界城市高层、超高层建筑众多。现役主战坦克的主炮最大仰角在 15 ~ 20 度之间，当距离在 300 米的时候，坦克主炮就无法射击 30 层以上大楼的顶层。但从近年城市战战例来看，坦克在 300 米甚至 200 米以内遭遇敌军是家常便饭。

◎ "豹" 2A7 巷战坦克在进行行驶性能测试

◎ "豹" 2A7 巷战坦克。该坦克的第一个国外用户是沙特陆军，因而涂装沙漠迷彩

其次，"豹"2A7的另一大技术特点，是首次将遥控武器站作为坦克最初的原装装备。在"豹"2A7之前，各国在对主战坦克的初级城市战升级中，仅通过被动的加厚炮塔顶部装甲来抵御由楼房窗户射出的反坦克火箭或导弹。然而实战证明，这是一种既不治标也不治本的做法，更加积极的做法是使坦克获得全方位，尤其是对上半球范围进行火力打击的能力。面对敌方机动于各栋大楼之间、缺乏基本装甲防护的反坦克小组，目前作为遥控武器站主要火力的重机枪已经足够。最大的挑战在于，需要使武器站获得更高的灵敏度，从而能跟上高度机动的反坦克小组的运动步伐。

需要强调的是，承担城市战使命，在坦克整体的发展过程中可以视作一种"逆向发展"。在作为坦克发展黄金时期的"二战"时期，曾长期存在步兵坦克与主战坦克之争。而在"冷战"时期的低烈度战争中，坦克在一定程度上恢复了以往步兵坦克的理念，是依据战争实践做出调整的典型例子。因此，客观地说，出现巷战坦克是主战坦克技术的一次"逆向发展"，而不是倒退。

"豹"2主战坦克基本性能数据

项目	数据
乘员	3 人
战斗全重	55.15 吨
车长（炮向前）	9.668 米
车宽（带裙板）	3.7 米
车高（至炮塔顶）	2.48 米
主要武器	1 门 Rh120 型 120 毫米滑膛炮，1 挺 MG3A1 型 7.62 毫米机枪
公路最大速度	72 千米 / 时
最大越野速度	55 千米 / 时

我国陆军与"豹"2坦克的故事

在日本著名的战争幻想小说《明斯克出击》中，有这样的场景描述：中国军队装备的"豹"2主战坦克在三北防线上全力迎战苏联强大的装甲洪流。虽然小说家的思路天马行空，不过我国陆军确实曾经认真考虑过引进"豹"2主战坦克。

20世纪70年代末期，由于德国本土装甲部队装备数量有限，当时克劳斯-玛菲公司正在积极地拓展"豹"2主战坦克的海外市场，荷兰、瑞士后来装备的"豹"2主战坦克就是这一时期订的货，所以对于我国军方抛出的这个大蛋糕，克劳斯-玛菲公司还是非常重视的。当时，中美破冰之旅后，包括美国等西方国家也乐见"豹"2主战坦克落户中国，以分担苏联铁甲洪流的压力。

但是，无论是成品购买还是许可证生产"豹"2这款德意志精工之作，对于当时中国捉襟见肘的军费开支，以及苏式坦克强大的生产线来说都是不可想象的。综合多种因素，我国最终决定吸收关键技术，开发国产主战坦克。

◎我国主战坦克发展过程中出现的1224样车，采用了焊接炮塔、自动装弹机、动力舱、方向盘操作等新技术

当然中德合作还是给我国留下了一些很关键的东西，比如德国的MB8V331TC41型柴油机和辅助系统，我国在此基础上研制了第三代主战坦克的动力包。

◎"豹"2主战坦克的整体动力舱让我国技术人员大开眼界，我国还特意引进了MB8V331TC41型柴油机动力系统

◎1226样车。该样车安装了8V165型发动机，首次实现了动力传动装置纵置和整体吊装，采用了传统半球形炮塔和自动装弹机

二、"短号"与"豹"2A4 的较量

"豹"2 首次进入战事是德国国防军参加的 1999 年开始的"科索沃秩序重建行动"，德国派遣部队中包括许多"豹"2A4 和"豹"2A5，其中至少有一辆曾与武装分子发生交火作战并被拍下来。德军的"豹"2 坦克在科索沃期间无战损记录。

2001 年阿富汗战争爆发后，加拿大向德国租借了 20 辆"豹"2A6M 用于战事。在 2007 年 11 月 2 日的攻击行动中，1 辆"豹"2A6M 被地雷命中，但是没有造成伤亡。

不过，近年来"豹"2 坦克"零战损"的神话破灭，叙利亚战场上"豹"2A4 型坦克被"短号"反坦克导弹频频击毁。有人欢喜有人愁，原本少有人知的"短号"反坦克导弹，反倒成为夺目耀眼的反坦克明星导弹。

◎ 与西方国家普遍使用的"发射后不管"反坦克导弹相比，"短号"反坦克导弹采用"即见即射"的发射模式和激光驾束制导方式，能够确保导弹在最大射程发挥威力

"短号"反坦克导弹是俄罗斯第三代轻型反坦克导弹，系出名门，由俄罗斯图拉仪器设计制造局研制，1994 年 10 月首次亮相，代号为 AT-X-14，用于取代有线制导的第二代 AT-5 反坦克导弹。

"短号"反坦克导弹弹径 152 毫米，采用鸭式布局，前面有 2 片可以折叠的"鸭"式舵，弹体为圆柱形，尾部有 4 片折叠式梯形稳定翼，它的外形像 AT-7"混血儿"导弹。动力装置包括 1 台起飞发动机和 1 台续航发动机，起飞发动机把筒装导弹推出发射筒后，续航发动机便开始工作，使导弹获得 240 米 / 秒的最大飞行速度。导弹最小射程 100 米，最大射程 5.5 千米，夜间最大射程 3.5 千米。

　　"短号"反坦克导弹平时储放在发射筒内，发射筒和瞄准镜安装在三脚架上，可水平 360 度旋转。其支架可以调整，以便于在战场上固定到合适的位置，潜望瞄准镜安装在发射架的左边，左为高低手动控制装置，右为方向手动控制装置。在运输和机动过程中发射器折叠成一个紧凑的结构，热像仪保存在密闭容器中，发射装置重 29 千克，发射筒（含导弹）重 25 千克，可以通过人力或其他运载工具运送到战场的每个角落。便携式"短号"反坦克导弹可以采用俯姿、跪姿和立姿发射，而且发射前不需特别准备，操作非常简便。

◎ "短号 –EM" 新型重型反坦克导弹系统。配备了 16 枚导弹（8 枚待发弹和 8 枚备用弹），弹重 33 千克，弹长 1.2 米，直径 152 毫米，最大射程 8 千米，可以射穿深达 1300 毫米的均质钢装甲。"短号 –EM"是一种全自动作战系统，目标探测、目标分配、目标指示、情报提供和处理过程都实现了自动化，人在其中的作用只是监控其运转的准确性和发射导弹

三、典型反坦克导弹

反坦克导弹是用于击毁坦克和其他装甲目标的导弹，是"二战"期间研制成功的小型制导武器，法国在 20 世纪 50 年代中期率先投入使用，继而在众多国家掀起研制高潮。它的问世标志着反坦克武器从"无控时代"进入"有控时代"。现代多次局部战争，特别是海湾战争表明，反坦克导弹是当今最为有效的反坦克武器。

◎"二战"中的反坦克炮

◎美国陆军 AH-64D "长弓 - 阿帕奇"武装直升机。反坦克直升机也是坦克的一大天敌，是专为执行反坦克作战任务而研制的直升机。20 世纪 50 年代后期，法国人首开先河，第一个把反坦克导弹装上了直升机

与反坦克炮相比，反坦克导弹重量轻、机动性能好，能从地面、车上、直升机上和舰艇上发射，命中精度高、威力大、射程远。"二战"结束后，无后坐力炮＋破甲弹的组合让传统反坦克炮有些黯然失色，但是传统拖拽式反坦克炮也有其特殊的优点，即射速快、精度高、射程远，炮弹飞行速度快。

1. 反坦克导弹的构成

反坦克导弹主要由战斗部、动力装置、弹上制导装置和弹体组成。战斗部通常采用空心装药聚能破甲型。有的采用高能炸药和双锥锻压成形药型罩，以提高金属射流的侵彻效率。还有的采用自锻破片战斗部攻击目标顶装甲。破甲威力主要用静破甲厚度和动破甲厚度表示，有的导弹战斗部静破甲厚度可达 1400 毫米。

动力装置通常指安装在导弹上的发动机，用固体推进剂产生推力，以保证导弹获得所需速度和射程。在导弹飞行的不同速度段上，发动机推力不同，起飞段（亦称增速段）推力较大，续航段推力较小。有的反坦克导弹上安装 2 台发动机，其中的起飞发动机赋予导弹起始速度，续航发动机用于保持导弹飞行速度。有的只装增速发动机，导弹增至一定速度后便做无动力惯性飞行。还有的只装续航发动机，导弹射出发射筒后具有一定速度，由续航发动机提供保持速度的动力。

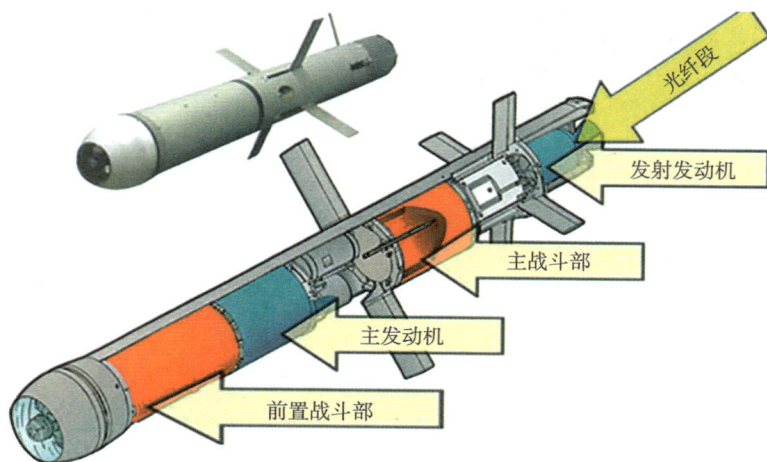

光纤段
发射发动机
主战斗部
主发动机
前置战斗部

◎光纤制导反坦克导弹结构示意图

061

弹上制导装置是导弹制导系统的一部分，由弹上控制仪器、稳定飞行装置和控制机构等组成。其作用是将导引系统传输来的控制指令综合、放大，驱动控制机构，从而改变导弹飞行方向。寻的制导的反坦克导弹制导系统全部装在弹上。

2. 典型反坦克导弹

（1）FGM-148型"标枪"反坦克导弹。由美国的标枪合资公司（洛克希德·马丁公司与雷神公司联合创办的合资企业）在1989年6月开始研制，1996年正式装备美国部队，是一种单兵便携式"发射后不管"反坦克导弹。该导弹采用先进的红外热成像制导方式，具有全天候作战能力、抗电子干扰能力。系统全重22.5千克；导弹弹体长1.08米，直径126毫米，重11.8千克；发射管长1.198米，直径142毫米，重4.1千克，有效射程75 ~ 2500米，射手可以采用站、跪、卧和坐姿发射。

与其他反坦克导弹不同的是，"标枪"反坦克导弹并不是在瞄准目标后直线飞行至目标引爆，而是在瞄准且锁定目标击发后先弹射出发射筒，弹射距离约10米，随后导弹发动机点火调整姿态，向上垂直飞行一定高度后再垂直下降，同时位于导弹前端的红外制导系统迅速找到并瞄准先前锁定的目标，然后全速冲向目标，以极快的速度击穿并且引爆坦克，完成对目标的摧毁。使用"标枪"反坦克导弹甚至可以击落低空飞行的直升机以及其他

◎ "标枪"反坦克导弹。其造价超过了10万美元，其中导引头的价值超过7.5万美元，1枚导弹的价格相当于1辆奥迪A7

光纤制导导弹

知识链接

光纤制导导弹是一种利用光导纤维传输制导信息的一种新型战术导弹，主要用于打坦克，也可以打低空飞行的直升机。

光纤制导导弹的头部装有微光电视摄像机或红外成像导引头，尾部有一卷光纤与发射控制装置相连。导弹飞行时光纤从尾部放出，同时导引头的摄像机将拍摄的目标图像传到发射控制装置，控制指令通过光纤传给导弹的制导系统，控制导弹命中目标。由于光纤传输的信息量大、频带宽、功耗低、自身辐射极小，所以光纤制导导弹的目标识别能力强、制导精度高、抗干扰性

飞行速度较慢、飞行高度较低的飞行器。

"标枪"反坦克导弹有两种攻击模式，一种是顶部攻击模式，主要用于攻击主战坦克和装甲车；另外一种是正面攻击模式，主要用于攻击工事、掩体以及非装甲目标。

"标枪"反坦克导弹在实战中得到了广泛应用。在 2003 年的伊拉克战争中，美军及其盟国部队曾大量使用"标枪"反坦克导弹攻击伊拉克军队的坦克、装甲车、火力点和观察哨所，甚至用来打击伊军的狙击手。

◎装备"标枪"反坦克导弹的日本自卫队。早期的"标枪"反坦克导弹仅供单兵使用，现在的"标枪"反坦克导弹已经有包括车载、机载型号

好，已成为世界各国反坦克武器的主体。

弹体是具有一定气动外形的壳体，由弹体外壳、弹翼、舵和尾翼组成。多数导弹弹体头部为尖形或椭圆形，中间呈圆柱形，尾部是截锥体形。弹翼通常为"十"字形。弹体气动布局有无尾式、正常式、尾舵式三种类型。无尾式弹体的弹翼兼作尾翼，舵在弹翼后缘，弹翼提供升力及稳定力矩。这类弹体结构简单，适合于弹身短的导弹，为大多数反坦克导弹所采用。正常式弹体的弹翼和尾翼分开，尾翼兼作舵，适用于弹身较长的反坦克导弹。尾舵式弹体没有弹翼，尾翼兼作舵，适用于超声速的反坦克导弹。制作弹体的材料通常用铝合金、玻璃钢或特种塑料。

"标枪"反坦克导弹除了装备美国的陆军和海军陆战队以外，还大量向国外出口，澳大利亚、英国、加拿大、捷克、约旦、立陶宛、新西兰、挪威、荷兰、日本、印度尼西亚和新加坡等国家的军队都采购了"标枪"反坦克导弹。

（2）"陶"式反坦克导弹。美国休斯飞机公司于1962年研制的一种车载式重型反坦克导弹，它的综合性能在第二代反坦克导弹中处于领先地位，是第二代导弹的典型代表。

"陶"式导弹采用红外线半主动制导，最大射程4千米，最小射程65米。武器系统由导弹、发射装置和地面设备三部分组成。导弹长1.164米，弹径152毫米，弹重18.47千克，由战斗部、控制系统、发动机、尾段组成。弹体为圆柱形，弹翼平时折叠，发射后展开。

"陶"式导弹1965年发射试验成功，1970年大量生产并装备美军，可车载和直升机发射，也可步兵携带发射。美军在越南战争、第四次中东战争和海湾战争中都曾大量使用此导弹，并取得了良好的战果。

◎ "陶"式导弹。它是迄今为止参加战争最多的反坦克导弹，先后参加了越南战争、中东战争、两伊战争、海湾战争、阿富汗战争和伊拉克战争

　　"陶"式反坦克导弹是 20 世纪 90 年代生产数量最大、装备国家最多的一种反坦克导弹，除装备美军外，韩国、德国、英国、日本、荷兰等近 40 个国家都是"陶"式导弹的用户。

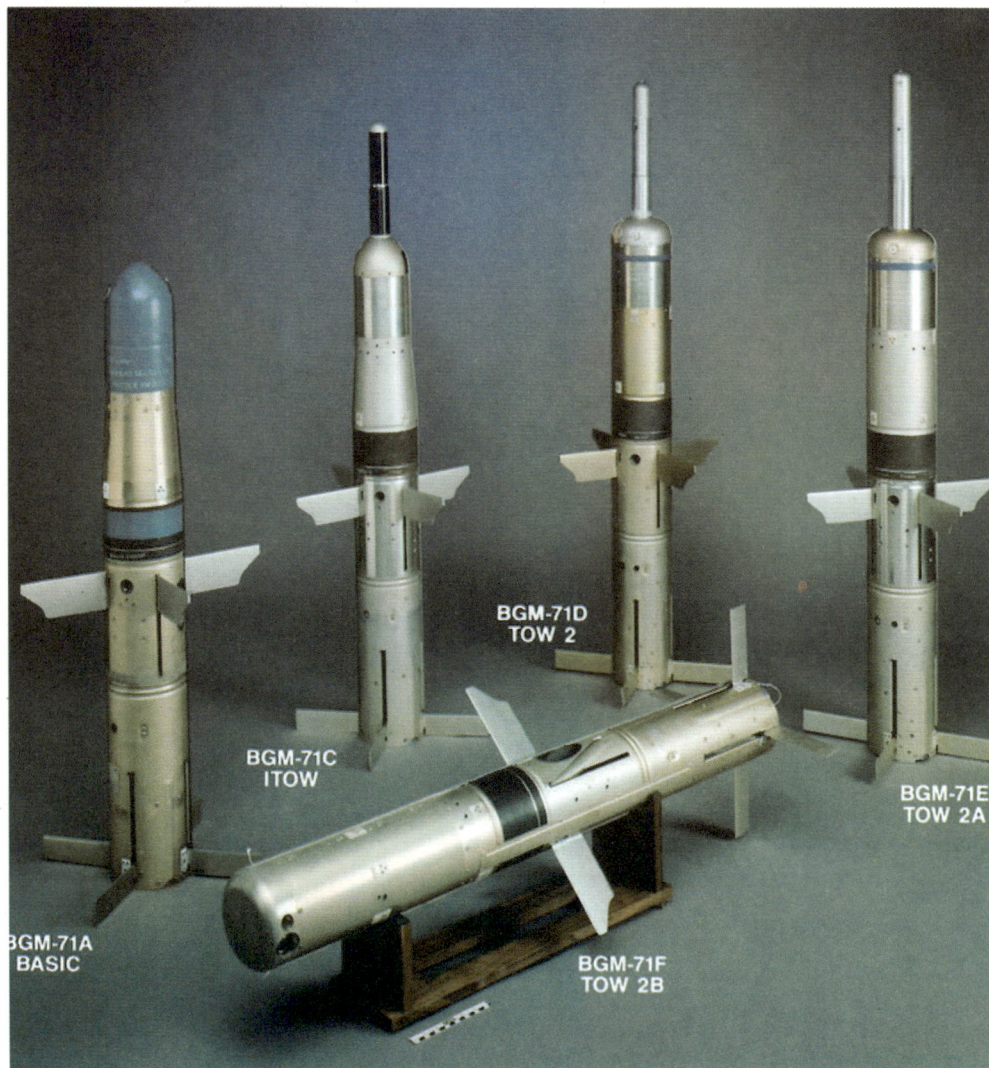

◎ "陶"式反坦克导弹家族。"陶"式导弹是一种光学跟踪、导线传输指令、车载筒式发射的重型反坦克导弹武器系统，最大速度 360 米 / 秒，最大射程 4 千米，主要用于攻击各种坦克、装甲车辆、碉堡和火炮阵地等硬性目标

◎机载"陶"式反坦克导弹

◎ AGM-114"海尔法"导弹。它可用来代替"陶"式反坦克导弹，是由洛克希德·马丁公司于1970年在"大黄蜂"电视制导空对地导弹基础上研制的，专门为"阿帕奇"武装直升机设计的空对地导弹，主要用来对付敌方坦克及其他装甲目标。与"陶"式反坦克导弹不同，它不用铜线做有线电导引头。直升机发射"海尔法"之后，行动不会受到限制，可以立刻回避对手攻击

知识链接

欧洲导弹集团（MBDA）

　　MBDA是一家由英国、法国、德国和意大利四国联合组成的先进导弹武器系统设计制造商，组成部分分别来自法国宇航-马特拉导弹公司（EADS的分公司，占37.5%股份）、意大利芬梅卡尼卡集团（Finmeccanica，占25%股份）和英国BAE系统公司（占37.5%股份）。联合组建欧洲导弹集团的方案最初起步于1996年，2001年12月正式合并组建，总部位于法国巴黎。MBDA研制和生产的各型导弹武器超过了3000枚，广泛服务于世界各地90多个国家和地区的防务力量。

　　欧洲导弹集团的核心优势在于，它是世界上唯一能够同时研制现役与未来海陆空三军导弹

（3）"沙蛇"反坦克导弹。由欧洲导弹集团研制的"沙蛇"反坦克导弹（Eryx，又称"艾利克斯"或 ACCP），是世界上第一种实用化肩射近程反坦克导弹，可击穿 900 毫米厚的轧制均质钢装甲板。该导弹 1994 年开始装备法国陆军，并外销到加拿大、挪威、巴西、马来西亚和土耳其等国，总销售量超过了 2 万枚。而目前欧洲导弹集团正致力从射程、穿甲能力等方面改进这种先进的单兵反坦克导弹，中东国家也许会成为这种改进型"沙蛇"导弹的首批客户。

"沙蛇"反坦克导弹全重 15 千克，弹体长 925 毫米，直径 160 毫米，重 9.9 千克，射程 50 ~ 600 米，配备了串联聚能装药弹头，采用直接攻击模式而不是飞跃顶部攻击或俯冲攻击模式，能够摧毁爆炸反应装甲并穿透厚达 0.9 米的坦克装甲或厚达 2 米的混凝土。

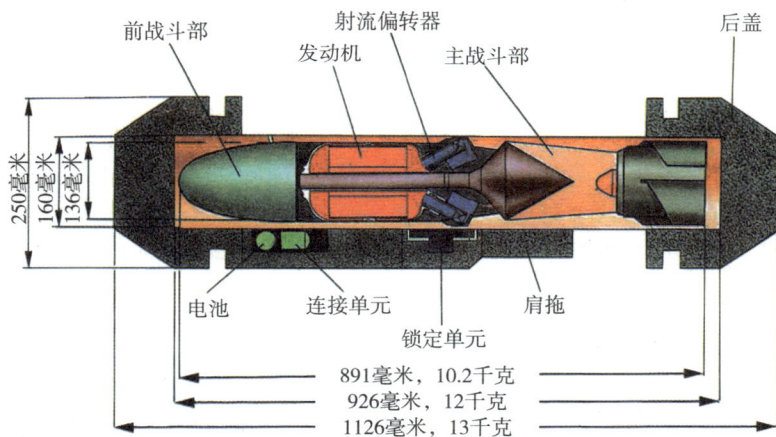

◎ "沙蛇"反坦克导弹示意图。战斗部为两级串联式空心装药战斗部，小型战斗部直径 25 毫米，用于摧毁坦克的反应装甲；主战斗部直径 135 毫米，用于攻击坦克的主装甲，可击穿 900 毫米厚的轧制均质钢装甲板。这对现有的各种主战坦克的装甲来说，都是极大的考验

系统的制造商，旗下尖端制导武器系统多达数十项，而且仍在致力于现有导弹系统的现代化升级与更先进项目的开发。

在欧洲导弹集团的产品序列中，防空导弹系列无疑是最具光辉的一环，特别是在多样化能力上首屈一指的"紫苑"导弹系统堪称独一无二。

目前MBDA仅次于美国雷声导弹系统公司，已成为世界上第二大导弹制造商。

　　"沙蛇"导弹是第一种具有软发射能力的反坦克导弹。所谓"软发射"，就是先低速起飞，然后加速。发射时，导弹的小型发动机先使导弹以 17 米／秒的低速飞离发射筒，以减少后坐效应和火药气体后喷，在导弹飞离发射筒一定距离后再点燃主发动机，使导弹进入高速飞行状态，速度可以达到 260 米／秒，飞行至最大射程 600 米的时间仅为 4 秒。借助这一功能，在战时士兵可隐蔽在建筑物或工事内攻击敌方的坦克和装甲车。

　　"沙蛇"反坦克导弹可由前线步兵单人操作使用，不过通常由两名士兵（射手和弹药手）操作使用。该导弹有两种发射方式：一是采用立姿或跪姿进行肩射，二是利用小型三脚架支撑在地面上进行有准备的卧姿发射。由于使用三脚架发射时的命中率比较高（达 90% 以上），因此这种发射方式更为常用。采用肩射的命中率要低一些（为 70% 以上），一般在近距离遭遇战等紧急情况下使用。

◎法军早期试用 89 毫米反坦克火箭筒

◎ "沙蛇" 主要用于步兵近距离反坦克，尤其适合城市巷战

（4）"长钉"反坦克导弹。 以色列拉斐尔先进防务系统公司于 20 世纪 90 年代自行研制的"长钉"反坦克导弹系统是一种成本低廉、具有"发射后不管"性能的便携式反坦克导弹系统，采用红外导引头，不仅可以用于攻击装甲目标，还可以攻击掩体、混凝土工事等多种目标。

随着高新技术在导弹领域的广泛应用，"长钉"反坦克导弹系统目前已研制出多种不同的型号，其中包括"长钉"MR 型（最大射程为 2.5 千米）、"长钉"LR 型（最大射程为 4 千米）、"长钉"ER 型（最大射程为 8 千米）以及最新的"长钉"NLOS 型（最大射程为 25 千米）。

为适应复杂多变的战争需求，"长钉"反坦克导弹系统目前已发展为一种具有多功能的反坦克导弹平台。它既可以单兵肩扛或三脚架支撑发射，也能安装在车辆、舰船和直升机上使用，因此已被广泛用于步兵、特种部队、海军和空军。

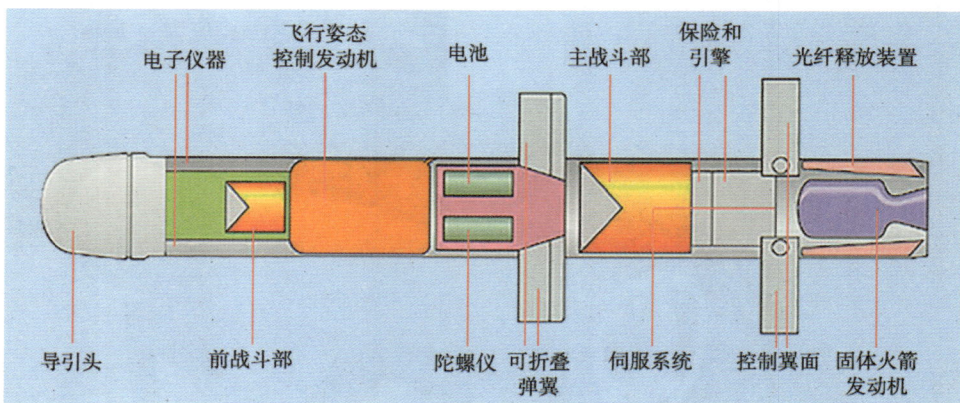

电子仪器　飞行姿态控制发动机　电池　主战斗部　保险和引擎　光纤释放装置

导引头　前战斗部　陀螺仪　可折叠弹翼　伺服系统　控制翼面　固体火箭发动机

◎"长钉"反坦克导弹示意图。该导弹具有"发射后不管"性能，堪称是当今世界一流的反坦克导弹，战斗部能够穿透墙壁或掩体，然后在目标内部爆炸，被许多国家看作应对低烈度冲突的尖兵武器，是目前世界上销量最大的反坦克导弹系统之一

与美国的"标枪"反坦克导弹系统相比，"长钉"反坦克导弹系统的战术和技术性能略差一些，但它的价格却要低得多。目前，"长钉"反坦

◎"拉哈特"轻型反坦克导弹。该导弹由以色列研发，最早是为"梅卡瓦"坦克研制的，后扩展到其他装甲车辆和直升机上使用。"拉哈特"是一款非常紧凑的导弹，长 975 毫米，直径 104.5 毫米，重12.5 千克，依靠半主动激光（SAL）制导采用直接或间接的标识系统打击目标。该导弹可在高达 8 千米的范围内，精确摧毁静止和移动目标

克导弹系统除了装备以色列国防军以外，还装备了 10 多个国家的军队，其中包括北约的多个成员国。

（5）"米兰"反坦克导弹。该导弹是法国和德国合作研制的第二代轻型反坦克导弹。1963 年研制，1974 年装备部队。采用目视瞄准、红外半自动跟踪、导线传输指令制导方式。基础型"米兰"导弹弹体直径 103 毫米，重 6.7 千克，射程 2 千米，垂直破甲深度 690 毫米。1984 年，经过改进的"米兰"2 型反坦克导弹研制成功，其采用直径 115 毫米的穿甲弹，破甲深度达到了 1000 毫米。1991 年，又推出了"米兰"2T 型反坦克导弹，其采用串联战斗部，以对付复合装甲和爆炸反应装甲。1995 年，"米兰"3 型反坦克导弹问世，其配备了脉冲氙红外信标和热成像夜视仪，提高了抗干扰能力并且能够在夜间作战。

"米兰"反坦克导弹除了在法国和德国生产外，还在英国、印度和意大利进行生产。至今已经为 40 多个国家生产了 33 万多枚"米兰"反坦克导弹和 1 万多套发射装置。

"米兰"的最新型号"米兰"ER（增强型）于 2006 年试射成功。

◎ "米兰"ER（增程型）轻型反坦克导弹。它是欧洲导弹公司研发的新一代步兵战车使用的轻型反坦克导弹。该导弹用于地面发射，采用半自动指令瞄准线制导系统攻击目标。相比于上一代"米兰"导弹，"米兰"ER 射程由 2 千米提高到 3 千米。配备了一个串联装药战斗部，以抵消一些主战坦克使用的新一代爆炸反应装甲

◎ PARS–3 LR 导弹。为弥补"米兰"导弹射程的不足，欧洲导弹集团研发了第三代反坦克导弹中的远距离型号——PARS–3 LR。该型导弹可由直升机发射，射程可达 8 千米。"虎"式武装直升机已经装备了 PARS–3 LR

◎ MMP 导弹。它是由欧洲导弹集团为法国陆军研制的新一代中程反坦克导弹，用来替换"米兰"反坦克导弹。MMP 导弹重 15 千克，长 1.3 米，直径 140 毫米，发射三脚架重量为 11 千克。该导弹射程为 4 千米，能实现"发射后不管"模式和发射后锁定目标攻击模式。导弹制导采用双模导引头，其中包括非制冷红外传感器和电视摄像机

◎ "硫黄石"机载反坦克导弹系统。由欧洲导弹集团研制。射程 20 千米，用于挂装英国皇家空军"狂风"GR.4 战斗机和欧洲战斗机，已在伊拉克战争、利比亚空袭行动中投入使用

（6）NLAW（下一代轻型反坦克武器）。是萨伯·博福斯动力公司研制的单兵携带近程反坦克导弹。该导弹服役于英国、芬兰、卢森堡和瑞典军队。每个导弹发射装置重量为 12.5 千克，一人便可携带。采用飞越顶部攻击（OTA）模式攻击坦克和其他装甲目标，采用直接攻击（DA）模式攻击非装甲目标。NLAW 采用单一形状装药战斗部的设计，以攻击配备了爆炸反应装甲的现代化主战坦克。该导弹发射准备时间只需 5 秒钟，并兼容夜视护目镜和微光夜视仪设备。

◎ NLAW 反坦克导弹。作战范围 20 ～ 600 米

（7）"红箭"系列反坦克导弹。"红箭"–12 是一种由单兵携带发射的武器，完整的"红箭"–12 系统全重 22 千克，其中发射筒和导弹总计 17 千克，发射管长 1.25 米。弹体长 980 毫米，直径 135 毫米，发射筒直径 170 毫米。

这种导弹采用化学能破甲战斗部，垂直着弹时，它可以击穿有爆炸反应装甲保护的 1100 毫米均质钢装甲。这一系统可有效攻击坦克、碉堡、建筑物、小型水面舰艇以及低速飞行的直升机，也可安装在各种战斗车辆上使用。

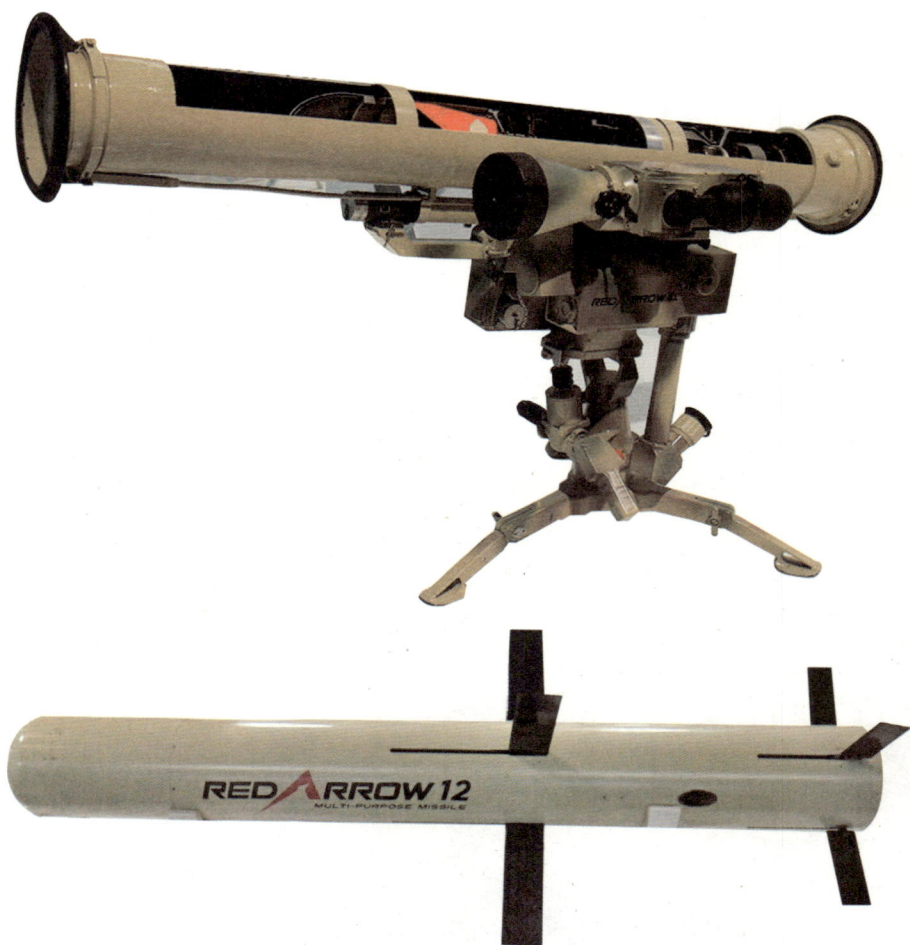

◎ "红箭"–12。它是一种"发射前锁定"的导弹,上图为国产"红箭"–12反坦克导弹发射筒。反坦克导弹在发射后会自动飞向目标,随后射手可以立刻转移隐蔽或者再装填一枚新的导弹后打击下一个目标

　　"红箭"–12反坦克导弹系统最重要的创新技术是新型导引头,导引头采用了非制冷式热成像仪以及白光CCD(电荷耦合器件)摄像机,具备昼夜作战能力,昼间型导弹的射程可达4千米。使用红外成像引导头的导弹,射程超过了2千米。

　　与"红箭"–11导弹相比,"红箭"–12导弹射程要短一些,是增强步兵营以下反坦克火力的一种新装备。它的最大优点是对射手训练要求低,

◎ "红箭"–10反坦克导弹。它是我国装备的远程多用途导弹,导弹采用光纤制导,导弹射程10千米以上,采用攻顶模式可以有效摧毁任何现役主战坦克,也可以用于攻击各类射程内的战场目标

可以直接装备到步兵连排一级部队使用。

　　"红箭"-11 反坦克导弹的外形与我国重型反坦克导弹"红箭"–9 很相似,外形上看像是迷你版"红箭"–9。不过,从尾部舵面的设计来看,两者还是有很大不同的。"红箭"–9 反坦克导弹的 4 片主弹翼和 4 片尾舵都位于相同的平面上,也就是类似于"X–X"的布局。而"红箭"–11 反

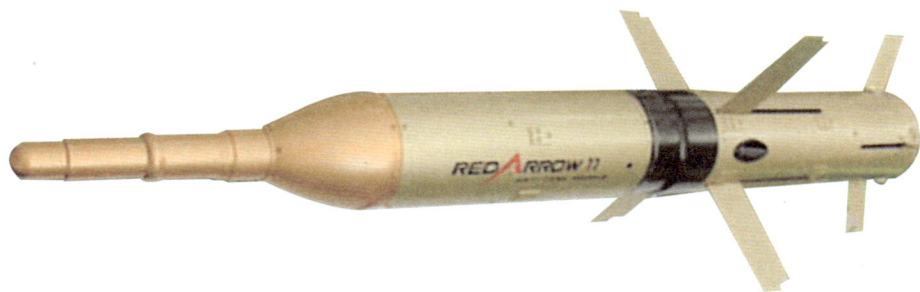

◎ "红箭"–11

坦克导弹的 4 片主弹翼和 4 片尾舵错开布置，类似于"X-＋"的布局，而且 4 片尾舵中的 2 片还处在 2 个续航火箭发动机喷口的后部。这一点，与美国"陶"式 2A 重型反坦克导弹很相似。

"红箭"-11 可以借助发动机喷口喷出的高速燃气气流来提高尾舵的工作效率，有利于减少导弹初始飞行阶段的扰动。由于续航火箭发动机的工作时间也比较短，通常在 2 秒以内，不会造成尾舵的烧蚀甚至失效。

（8）"纳格"（Nag）反坦克导弹。是印度国防研究与发展组织（DRDO）开发的第三代"发射后不管"的便携式反坦克导弹，机动性较强，配用串联聚能破甲弹头，弹长 0.8 米，重 9 千克，射程 4~6 千米，采用无线电指令和远红外成像寻的制导技术，具有"发射前锁定"功能，可以自动跟踪目标，在有效射程内打击各类装甲车辆。

从 2008 年开始，印度陆军先后装备了 450 枚"纳格"反坦克导弹，从 2015 年开始部署 13 辆"纳格"导弹运载车。

◎"纳格"导弹系统。成本高是"纳格"导弹系统的一大问题，1 套系统售价高达 50 万美元，这相当于以色列"长钉"或者美国"标枪"导弹的 2 倍。其价格贵的一个重要原因是导弹的热传感器必须从以色列拉斐尔公司或者法国泰雷兹公司进口

第5章

M1A2
主战坦克

M1 "艾布拉姆斯"主战坦克是美国陆军现役最重要的主战装备，自20世纪70年代末期研制以来，经历了几十年风霜沙尘，形成了一个拥有26种变形车的庞大家族。

M1系列坦克虽然已经长期服役，但是美军不断利用最新技术对其进行升级和提高，其战术技术指标仍旧持当今之牛耳。"装甲悍将"M1A2是现代美军的中坚力量，M1A2SEP V3主战坦克是M1系列的最新改进型，代表了当前美国坦克设计和制造的最新技术、最新理念。

一、M1系列主战坦克

M1"艾布拉姆斯"（M1 Abrams）系列主战坦克是美国通用动力陆地系统部门为美国陆军及美国海军陆战队设计生产的第三代主战坦克，是美军现役的主力坦克。"艾布拉姆斯"的称呼源自前任美国陆军参谋长、第37装甲团指挥官和驻越美军司令官克雷顿·艾布拉姆斯陆军上将。服役以来，M1数次改进，已形成了M1、M1A1、M1A2三个重大改进型、十余个次级改进型，综合作战能力不断提升。

◎早期服役的M1主战坦克采用的主炮是105毫米线膛炮

1979 年，美国推出 M1 坦克；1984 年，M1A1 坦克定型；1985 年，开始生产；1986 年，正式装备。M1A2 坦克是 M1A1 的第二阶段改进产品，1993 年，开始装备部队。M1 系列主战坦克是美国陆军在"沙漠风暴"及第二次海湾战争等对外大规模军事行动中的主力装备。

© 在海湾战争中扬名立万的 M1A1 主战坦克。它最大的特点是换装了 120 毫米滑膛炮

1. 结构特点

M1 系列坦克采用常规总体布局，驾驶员在前，炮塔居中，动力和传动装置后置。车长和炮长位于炮塔右侧，装填手在左侧。车长操控顶部 12.7 毫米机枪，炮长操控顶部 7.62 毫米机枪。

从外形上看，M1A2 与 M1A1 的区别是 M1A2 炮塔左上顶的圆筒形突出物，即车长独立式周视热成像瞄准镜。

M1 的操纵方式是一大创新。虽然在 M48 坦克上，美国已经淘汰了两根操纵杆的驾驶方式，采用了至今很多国家都在使用的方向盘驾驶方式，但 M1 坦克采用了更为简便的类似于摩托车的 T 型操纵杆，驾驶员通过扭动手中的把手，就可以实现对坦克两个履带行驶方向和速度的控制。当驾驶员需要"中枢转向"时，只需将两个把手同时向相反方向拧，坦克就会在原地旋转。这种 T 型操纵杆用起来比方向盘灵活得多，但基本原理却与挡杆式操纵杆类似，只不过是把搬动挡杆的动作变成扭动把手，而这个看似无关紧要的小改进，却让坦克变得十分容易驾驶，极大节省了驾驶员的体力，让驾驶员能够把更多精力集中于观察周围情况，对提升坦克的作战能力有较大的帮助。

M1A2主战坦克基本数据

项目	数据
乘员	4 人（车长、炮手、装填手、驾驶员）
战斗全重	63 吨
车长（炮向前）	9.78 米
车宽（带裙板）	3.64 米
车高（至炮塔顶）	2.43 米
发动机	AGT-1500 燃气涡轮发动机
速度	72 千米 / 时
最大行程	465 千米
主要武器	1 门 120 毫米 M256 滑膛炮，1 挺 12.7 毫米"勃朗宁"M2 重机枪，2 挺 7.62 毫米 M240 通用机枪（装填手、同轴）

2. M1 族谱

XM1（Experimental model，试验型）：1978 年，共制造 9 辆。

M1：1979 年开始生产，1985 年停产。

M1IP（Improvement Production，改进型）：1984 年开始生产。

M1A1：1986 年开始生产，1992 年停产。

M1A1HC（Heavy Common）：采用 M256 型 120 毫米滑膛炮，并装有贫铀装甲、内舱增压系统。

M1A1-D（Digital，电子数码化）：是 M1A1HC 的电子数码升级版本，类似 M1A2 SEP。

M1A2：1992 年开始生产。

M1A2 SEP（System Enhancement Package，系统提升套装）：包括换装第三代石墨识别功能的贫铀装甲。

M1A2 SEP V2（SEP V2， System Enhancement Package Version，系统增强元件 V2 型）：改装这批坦克所使用的装备与美国陆军未来战斗系统（FCS，Future Combat System）所装备的系统基本相同。

◎ M1A2 主战坦克。车长独立热成像系统是它主要的外观特征

◎ M1A2SEP V2。城市作战组件是它的最大特点

　　M1A2 SEP V3 主战坦克：是在 M1A3 主战坦克研制计划无限期推迟之后的产物。原计划的 M1A3 主战坦克将重新设计车体和炮塔，改动幅度较大，需要新生产的部件过多，造成成本难以控制，M1A2 SEP V3 可以算是一种折中的方案，它大量采用了预定为 M1A3 主战坦克研制的器件，但车体本身并无本质的变化，可由其他型号的 M1 系列主战坦克翻新改造而成，从而降低了成本。

◎ 2015 年美军展出的 M1A2 SEP V3 样车。它基本确立了 2020 年之后美军坦克的标准

M1A2 SEP V3 的改进方向主要有三点：

一是在 M1A2 SEP V2 的基础上，进一步提高信息化和网络化水平。M1A2 SEP V3 升级了第三代车际信息系统、旅级战斗指挥系统，这一套数字化指挥系统不仅具备极强的信息传输能力，还具备分布式指挥和计算能力。车际信息系统能在整个装甲部队内实时传送己方、敌方坦克的位置和行动数据，在车长的显示器上，能看到敌友双方的配置和行动。这意味着，当坦克部队陷入激战，损失很大、编制被打散时，指挥官随便跳进一辆完好的 M1A2 SEP V3，就可以利用该坦克现有的信息化装备，接过一个旅的部队的指挥权。信息化装备方面的另一个重要改进，是增设了 ADL 弹药数据链（ADL 是一种装置在炮闩，可以将信号传递给炮弹的数据链）。这

延伸阅读

未来战斗系统（Future Combat Systems，FCS）

FCS是美国陆军和美国国防部先进计划研究局联合牵头开发的陆军未来作战系统，是美国陆军的首要现代化项目。目标是打造出具有快速反应能力、快速战略和战术部署能力以及具备进行多任务操作能力的作战单位。

FCS的前身是未来地面作战系统，最初是为了研究具有多任务操作能力的战斗单位，保证陆军能够在短短的几天之内部署到全球任何地方。这不仅对部队的反应速度和持续作战能力提出了更高要求，同时也将促进军事装备技术和军事策略的革新。

FCS共有14个单独的子系统，包括：无人照看的地面传感器（Unattended Ground Sensors，UGS），超视距发射系统（Non-Line-of-Sight launch System，NLOS-LS），2 款分别与每排和每旅士兵有机结合的无人空中载具（Unmanned Aerial Vehicle，UAV），2款无人地面载具的变种：小型无人地面载具（Small Unmanned Ground Vehicle，SUGV）和多功能功用/后勤和装备载具（Multifunctional Utility Logistics Equipment，MULE），8种有人地面载具（Manned Ground Vehicle，MGV），外加联系所有这些子系统的网络（14+1），以及士兵本身（14+1+1）。

M1A1/A2 TUSK（Tank Urban survival Kit，城市生存套件）。为了对抗单兵携带式反坦克武器发射成型装药弹，在装甲比较脆弱的部分加强了防御，例如在侧裙加上爆炸反应装甲，以及在车体后部加上栅栏。另外在炮塔上车长使用的12.7毫米重机枪加上遥控操作设备，装填手使用的7.62毫米机枪则加上具有夜视瞄准仪的防护盾，从而加大了在近战中的存活性。车身外部装有步兵与车内人员通话用的电话系统。

是为配用 XM1069 多用途弹（AMP）而准备的观察—瞄准—制导数据链系统。观瞄系统方面，M1A2 SEP V3 还换用了采用双色第三代前视红外技术（IFLIR）的红外热像仪。

二是换用新型弹药，升级火力。美国的第五代 120 毫米穿甲弹——M829A4（AKE），2016 年开始服役，这与 M1A2 SEP V3 的研制进度匹配。M829A4 是贫铀长杆结构尾翼稳定脱壳穿甲弹，采用了诸多近年来才取得突破的新材料与加工工艺，其穿甲数据尚未公布，但有消息说在 2000 米距

遥控武器站

装弹手装甲机枪护板

装载机热信号

坦克/步兵电话

热信号眼镜

后方保护装甲单元

热视觉组建

艾布拉姆斯被动装甲

◎ M1A2 SEP V3 所采用的新作战单元、分系统示意图。每辆 M1A2 SEP V3 的售价约为 2000 万美元，基本算是世界坦克的最高单价

知识链接

尾翼稳定脱壳穿甲弹

穿甲弹在炮膛中被发射药加速出膛之后只受阻力和重力的作用，为了使穿甲弹在击中目标时仍然存有较大的速度，穿甲弹在设计时就必须采用有利于减小阻力的形状。

根据基本的物理学知识，弹体越细，阻力越小。但是考虑到火炮口径是一定的，科学家们想出了对策：用一个轻质弹托把穿甲弹弹体夹在中间，弹托的口径与大炮口径一致，穿甲弹被做成细长的杆状，出膛之后弹托由于阻力的作用自动脱落，弹体沿着炮管指向继续飞行，这就是"脱壳"一词的由来。为了保证细长的弹体在飞行过程中的平稳和精度，在制造穿甲弹时，在尾

离上的穿深比 M829A3 提高了 20％左右。此外，M829A4 弹药通用于所有的德、美制 120 毫米滑膛炮，但由于该弹药为贫铀材质，不允许出口，目前只有美军在使用。

　　XM1069 多用途弹（AMP）是瞄准线－多用途坦克炮弹（LOS–MP，包括 XM1069 全口径弹和 XM1068 次口径弹）项目的一个组成部分。XM1069 采用破片杀伤战斗部，并配用可编程引信。XM1069 的智能引信存在 3 种模式，炮弹发射前须通过 ADL 数据链确定。坦克乘员可通过数据

◎美国 M829 系列 120 毫米穿甲弹

　　部安装有4片尾翼，成"十"字形排列，所以称作"尾翼稳定"。
　　尾翼稳定脱壳穿甲弹的尾翼部分因线膛炮和滑膛炮的不同而有所区别：
　　线膛炮在发射的时候转速高，章动效应大，为了提高射击精度，线膛炮穿甲弹设置稳定尾翼的目的是为了降低炮弹的自转速度，从而使炮头获得更大的动能。
　　滑膛炮发射的炮弹因限于炮身没有膛线导致炮弹不能自转，进而炮弹本身的章动效应对精度影响很大，因此滑膛炮装备的尾翼稳定脱壳穿甲弹所设置的尾翼是为了能够让炮弹在出膛后有一个自转能力，提高飞行稳定性。

链路控制引信装定，点击鼠标就可完成。如果对付硬目标，引信将以弹头触发模式作用；对付软目标，将以空炸模式作用。空炸后，战斗部将分解为许多旋转的大块破片。与M1028式120毫米榴霰弹不同，该弹在远距离上的杀伤威力强及精度高。

三是进行特殊的改进，以适应"冷战"后的巷战、治安战环境。为增强巷战能力，M1A2 SEP V3装备了LP CROWS遥控武器站，替换现役的CROWS和CROWS Ⅱ遥控武器站。LP CROWS空间和高度小于CROWS Ⅱ，并具有更高的遥控精度和可靠性。实际上，XM1069多用途弹也是一种为近距离巷战准备的弹药，它在500米以内对人员、轻装甲车辆、建筑物具有极高的毁伤效应，而且反应极为迅捷。

动力方面，尽管没有更换全新的发动机，但由于安装新型动力组件，使M1A2 SEP V3的燃油效率提高了三分之一，并配备了更大功率的发电机、增强型配电系统和新辅助电源组件（APU），为新数字化网络提供动力之余，也让该车能在不启动主动力的状况下为电子设备供电。这对车辆的隐蔽有很大优势。

鉴于M1A2 SEP V3杀伤力、生存力、动力、通信和可靠性的大幅度提升，有观点坚持认为，这就是一款全新的坦克，只不过沿用了旧的名字。

二、铁兽雄心：AGT-1500型燃气轮机

当今世界的坦克，除美国M1坦克与俄罗斯T-80坦克采用燃气轮机（可靠性差）之外，动力单元基本上采用的都是大功率柴油机。当然，各家的柴油机种类又各有不同。在世界上现役坦克中，M1是唯一采用车载燃气轮机作为主发动机的坦克。

AGT-1500燃气轮机长1.6米、宽1.016米、高0.711米，重量1120千克，标定转速3000转/分，标定功率1103千瓦（1500马力）。燃气轮机的最大特点是旋转式叶片器械，而柴油机是往复式活塞机械。燃气轮机的进气、压缩、燃烧、膨胀的做功过程均在叶片机中进行，而叶片机与机体并不发生接触，这也使得燃气轮机的转速可达到柴油机的10倍左右。燃气轮机

◎世界上第一台坦克用柴油发动机 B-2。T-34/54/55/62/72、T-80U、T-90，2S 系列自行火炮（除 122 外），BMP-1/2/3，BTR-80，BMD-1/2/3，包括重型卡车、坦克牵引车、远程火箭 / 战术 / 战略导弹发射车等，全都是 B-2 族发动机，创造了空前的后勤奇迹

◎ MTU。战车动力的经典代表，柴油动力的极致，德国 MTU 公司从 1953 年就开始为装甲战车研制发动机，"MTU"是"发动机和燃气轮机联合公司"的缩写。该公司由德国慕尼黑分公司和腓特烈港分公司组成，前者研制和生产飞机、舰艇和装甲车辆用的各种发动机；后者研制和生产 220.5 ~ 3675 千瓦柴油发动机。"豹"1、"豹"2、"黄鼠狼"步兵战车、"山猫"装甲侦察车等使用的都是这家公司的发动机

◎ "豹" 2 采用的 MB873V-12 柴油发动机。功率 1100 千瓦

既不需要散热器，也不需要使用水、防冻液或者其他冷却剂，因此，也就省去了笨重而复杂的冷却剂供给装置。在实战中，燃气轮机有着柴油机不可比拟的优势：一是发动燃气轮机只需要 1 分钟，而发动柴油机首先得预热，然后还需要 30 分钟才能启动；二是车辆在泥泞中行驶或在通过垂直障碍时，燃气轮机不会熄火，而柴油机无法做到这一点；三是燃气轮机维修方便，检修一台燃气轮机只需要 4 小时，而检修一台柴油机却需要 24 小时。

现代主战坦克是采用柴油机还是燃气轮机的争论早已有之，但最终没有一个结论。20 世纪 60 年代，在 M1 坦克进行预研的时期，美国陆军便同时展开了柴油机和燃气轮机的研制。当时提出的指标要求是最大功率 1100 千瓦（1500 马力），单位功率 18 ~ 22 千瓦 / 吨。

大陆发动机公司参照 AV1790 发动机，通过减小排量，采用新技术研制成功了 AVCR1360-2 四冲程风冷发动机，该发动机采用了二级增压（涡轮增压加上容积式压气机）的可变压缩比活塞，可变截面涡轮增压的柴油机。而另一款则是莱卡明发动机公司参照 PLT27 直升机采用的 T53 型燃气轮机，

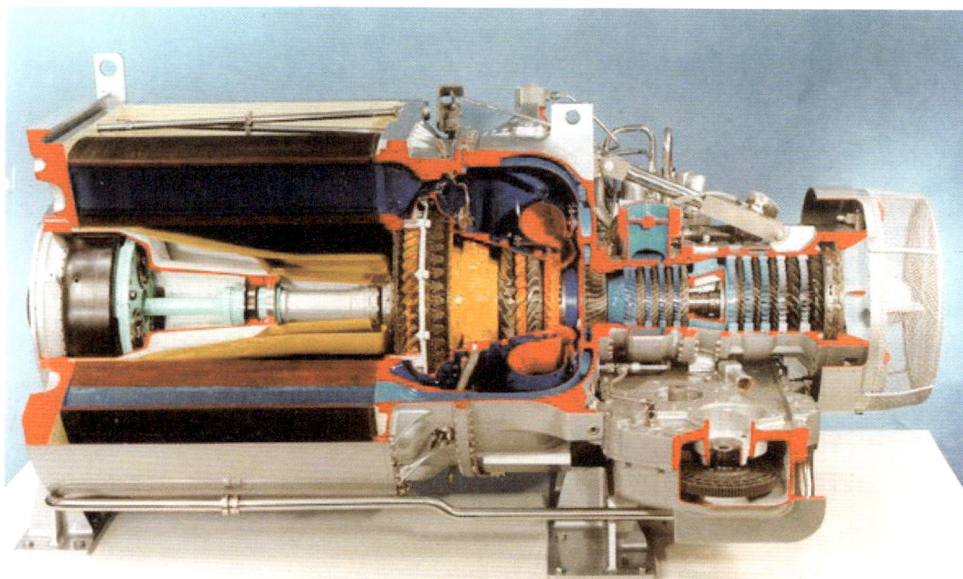

研制成功了 AGT-1500 燃气轮机。AGT-1500 燃气轮机为三轴式结构，采用了模块化设计，由机头组件、机尾组件、输出模块和附件模块四大部分组成。机头组件包括进气口、低压压气机、高压压气机、燃烧室和高压涡轮，机尾组件中包含了低压涡轮、高压涡轮和一部回热器，输出模块主要是一部行星减速器和相应的法兰盘；最后，将液压泵、燃烧控制器、启动器、机油泵、机油滤清器等部件通过一个综合齿轮箱连接，集中安装在机头组件下端。

　　AGT-1500 燃气轮机虽然马力大，但在低速时，燃油的燃烧效率很低，低速行驶时比柴油发动机耗油大许多，这是燃气轮机的最大缺点。M1 若要行驶 498 千米的路程，必须装载 1907.6 升燃料，与行驶 500 千米、战斗全重 55 吨，却只使用 1200 升燃料的"豹"2 坦克相比，M1 所需油量为后者的 1.6 倍。

　　1976 年 12 月，美国陆军正式将 AGT-1500 作为 XM-1 主战坦克的动力。1978 年 3 月，以 AGT-1500 燃气轮机为动力的 XM-1 主战坦克开始进行测试，开展可靠性和耐久性试验。1979 年 5 月，美国国防部正式批准 XM-1

主战坦克量产。

20 世纪 70 年代，西方坦克的设计思路开始逐渐注重坦克发动机与变速箱之间的作用关系，动力系统集成化设计理念开始崭露头角。以 AGT-1500 燃气轮机作为主要动力，搭配 X-1100-3B 液力传动的集成化动力方案，形成了美国首套具有集成化设计理念的 M1A1 动力系统。

20 世纪 80 年代中期，M1 系列坦克开始实施将发动机与传动装置深度融合的整体式动力包的方案。1987 年 8 月，美国成功推出 LV-100 动力系统，并进行了首次试验。LV-100 动力系统是由美国通用航空发动机制造厂与莱康明公司共同研制，德国 MTU 公司参与制造的新一代燃气轮机。功率为 1119~1920 千瓦，输出转速 3000 转 / 分。与 AGT-1500 相比，LV-100 零件数减少了 43%，保养费用降低 30%，平均无故障运行时间增加了 40%，油耗也远远低于 AGT-1500 燃气轮机。

1990 年，LV-100 完成样机台架试验，同年 12 月开始了全尺寸样机研制。1995 年，LV-100 完成全尺寸样机实验和鉴定，正式通过军方验收，宣告研制成功。LV-100 动力系统也成了 M1A2 坦克的主要动力。

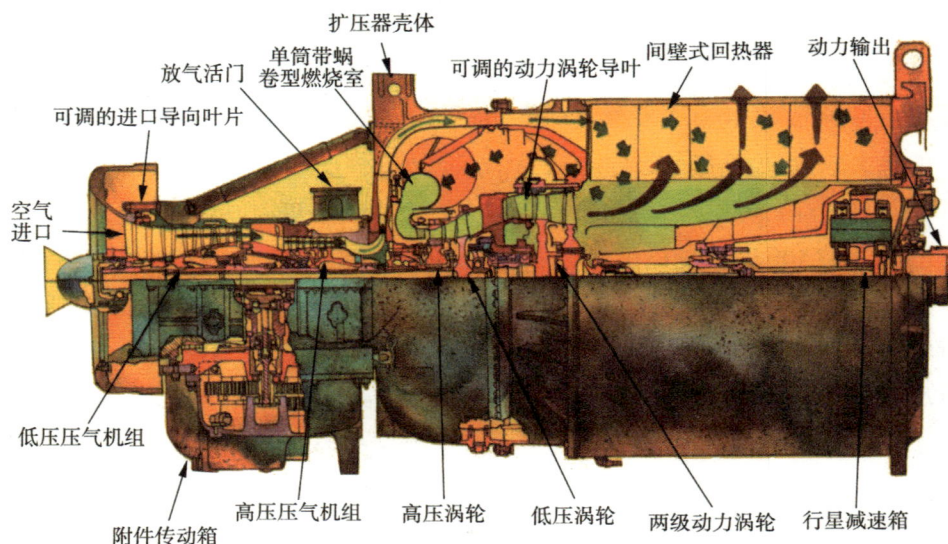

◎ AGT-1500 燃气轮机纵剖面

延伸阅读

克莱斯勒TV-8核动力坦克

在军事发展历史上，总会出现一些超前的武器构思与设计。把核动力应用到坦克上，使其成为不再受燃油制约的"陆战之王"，可谓是美国武器装备研究历史上的一大创新。

20世纪50年代，美国克莱斯勒公司提出了TV-8核动力坦克计划。TV-8的最大特色是采用了核动力，它用一个蒸汽循环微型核反应堆作为动力源，为了保护乘员不受战术核武器爆炸时的辐射，车里采用一套闭路电视系统，同时也可用来扩展车内的视野。由于这个重装甲炮塔由一层轻型壳体包围，所以看起来像个豆荚一样，具备水密性的炮塔外壳使得这种坦克既可以浮渡，又能够在水下潜行。

TV-8的武器系统包括炮塔上1门90毫米T208滑膛炮，后面装着1套液压撞锤。90毫米炮弹存放在炮塔后部，通过钢制隔断与乘员组分开。

其实，TV-8并非是"就此一家，别无分店"。几乎就在克莱斯勒公司提出TV-8坦克方案的同时，R-32核动力坦克的构想正摆放在美国陆军主管的案头。R-32重量50吨，由核能装置产生热量，推动涡轮发动机工作。

不过后来发现，与传统坦克相比，核动力坦克并不具备太多优势，加上受限于坦克炮塔的体积难以实现完备的防辐射措施，最终在一番热闹之后回归寂静。

◎ TV-8 核动力坦克：总重大约 25 吨，其中炮塔有 15 吨。乘员组、武器、动力系统都设置在硕大的豆荚形的炮塔内部

第 **6** 章

"梅卡瓦"
主战坦克

与其他大国的主战坦克相比，发动机前置的"梅卡瓦"主战坦克（Merkava MBT）多少有些"另类"。准确地说，"梅卡瓦"是以色列在自身工业水平和周围军事威胁之间做出的一个很好的折中。

从 MK1 到 MK4，"梅卡瓦"经历了血与火的战争洗礼，也是当今世界经历实战次数最多的主战坦克。

以色列国（简称"以色列"），是一个位于西亚黎凡特地区的国家，地处地中海东南沿岸，北靠黎巴嫩，东临叙利亚和约旦，西南则为埃及。自 1948 年建国以来，以色列与埃及、叙利亚等周围阿拉伯国家进行了五次大规模战争，史称"中东战争"。中东，是西方国家对地中海东部与南部的称呼。"中东战争"是第二次世界大战后持续时间最长的战争。

以色列国防军的装甲兵部队早期的主力是法国的"谢尔曼"坦克和 AMX–13 轻型坦克，英国的"逊邱伦"主战坦克，美国的 M48、M60 和 M60A1 坦克。

◎ "逊邱伦"主战坦克：1943 年英国坦克设计部门设计的一种称为 A41 的重型坦克，安装 1 门 76.2 毫米火炮，具有良好的装甲防护和越野行驶性能

◎第三次中东战争期间戈兰高地上的以色列"肖特·卡尔"主战坦克。由英国"百夫长"坦克改进而来

　　"梅卡瓦"（"马拉战车"的希伯来语）的设计工作始于1967年初，泰勒将军于1970年8月接手指挥设计工作。1974年，以色列制成第一辆"梅卡瓦"坦克样车，在此之前，以色列曾用M48和"逊邱伦"坦克底盘制造了许多试验车，用来验证"梅卡瓦"坦克的设计思想。

一、"梅卡瓦"MK1~MK4

1979 年，第一辆"梅卡瓦"主战坦克交付以色列国防军，型号为"梅卡瓦"MK1，在 1982 年夏季的第五次中东战争（又称"黎巴嫩战争"）中第一次使用。"梅卡瓦"MK1 全重 63 吨，是当时世界上最重的主战坦克，也是当时世界上防护能力最强的主战坦克。在这次战争中，"梅卡瓦"MK1 摧毁了叙利亚军队 19 辆 T-72 坦克，把当时被吹嘘得神乎其神的 T-72 打回了原形。

"梅卡瓦"MK2 于 1983 年开始生产，1989 年末停产。MK2 装有 105 毫米主炮，改装了火控系统和装甲，传动系统由 MK1 的半自动改为以色列设计的四挡自动排挡箱。MK2 的 60 毫米迫击炮被设置在车体之内，坦克乘员在开火时不用像 MK1 那样暴露在敌军火力之下。从外观上来看，MK2 最显著的识别特征是车体侧面的线条比 MK1 更加平直，而且车体前部侧面的发动机百叶窗也更大。

◎ "梅卡瓦"坦克的 M68 式 105 毫米线膛坦克炮

　　"梅卡瓦"MK3于1990年交付以色列国防军，全重65吨，坦克性能迎来了一次重大的升级：主炮换装为120毫米滑膛炮，发动机的功率也增大到882千瓦（1200马力），火力和机动性都有了极大的提升。加上火控系统的改进，"梅卡瓦"MK3具备了移动中持续瞄准目标的能力。装甲改为模组化设计，可以在战斗中实现快速更换受损部位。

　　"梅卡瓦"MK4于1999年10月开始研发，2001年，进入生产阶段。2002年6月28日，首批"梅卡瓦"MK4开始服役，2004年，以色列国防军正式组建了第一个"梅卡瓦"MK4坦克营。

　　"梅卡瓦"MK4换装了1103千瓦（1500马力）MTU发动机，并装有"战利品"主动防御系统。一套"战利品"系统可在"梅卡瓦"的外部形成一个半球状的"防护罩"。

　　"战利品"系统装备4具平板型火控雷达，以确保对车体外部进行360度监控。当有反坦克导弹来袭时，"战利品"系统就会根据雷达提供的参数设定拦截数据，并对目标进行分类，最后算出拦截弹的发射时间和角度，随后发射拦截弹。这些拦截弹通常是大量的金属小球（类似猎枪发射的大号铅弹）。同时，该系统还具备应对从不同方向上来袭的多个目标的能力。

◎ 2008 年 3 月，戈兰高地，以色列陆军第 188 装甲旅的"梅卡瓦"MK3 正在射击

"梅卡瓦" MK4主战坦克基本数据

项目	数据
乘员	4 人
战斗全重	60 吨
车长（炮向前）	8.63 米
车宽（带裙板）	7.45 米
车高（至指挥塔顶）	2.75 米
车高（至炮塔顶）	2.64 米
公路最大速度	72 千米 / 时
越野速度	46 千米 / 时
公路最大行程	400 千米
主要武器	1 门 M68 式 105 毫米线膛坦克炮，1 门 60 毫米迫击炮，2 挺 7.62 毫米机枪，1 挺 12.7 毫米机枪

二、"梅卡瓦"是最好的坦克吗？

从 20 世纪 80 年代开始，有许多专业学者认为，"梅卡瓦"是世界上最好的坦克。支撑这个观点的依据主要是在城市战中，面对步兵轻型反坦克武器时，"梅卡瓦"总能有更高的安全性。

实事求是地说，无论是设计思路，还是工艺技术，"梅卡瓦"的确是彻头彻尾的以色列式风格。"梅卡瓦"的车体制造工艺并非西方坦克的轧制装甲钢焊接结构，车体是铸造的，前上装甲焊接有良好防弹形状的装甲板，用于提高坦克的防御破甲弹和反坦克导弹的能力。"梅卡瓦"的战斗舱在车体的中部和后部，驾驶舱在车体的前左方，车体前右方设置动力舱。车体后部可以储存炮弹，弹药装在特制的弹药箱内并放在弹架上。根据需要，弹架还可以拆除，以便腾出空间乘坐 1 组指挥人员，或者放 4 副担架，或者搭载 10 名士兵。

◎ "梅卡瓦"主战坦克炮塔后部的"门帘子"。在所有的"梅卡瓦"型号中，炮塔后部发挥潜在射击陷阱的作用。炮塔后部悬挂锁链，就是专门用来缓冲火箭弹和高爆反坦克弹药的攻击

　　"梅卡瓦"MK1型坦克的主要武器是1门M68式105毫米线膛坦克炮（英国皇家兵工厂L7型炮的以色列版），可以发射标准型105毫米破甲弹和碎甲弹。在105毫米火炮左侧装有1挺7.62毫米并列机枪，在车长指挥塔门和装填手门上方各装1挺7.62毫米机枪。这三挺机枪型号相同，都是比利时FN MAG 7.62毫米通用机枪，经FN公司许可，由以色列制造。装在弹链上的2000发7.62毫米机枪弹储存在间隙装甲的夹层空间里。有些"梅卡瓦"坦克在105毫米火炮炮管上方装有1挺从车内遥控射击的M2HB式12.7毫米机枪，该机枪用于训练炮长。在黎巴嫩城市战中，该机枪曾代替火炮使用。"梅卡瓦"MK3换装了120毫米滑膛炮（德国Rh-120滑膛炮的以色列版），但不管用哪种口径的炮，"梅卡瓦"60发以上的载弹量始终独步于坦克江湖。

◎比利时 MAG7.62 毫米通用机枪。FN 公司于 20 世纪 50 年代初定型投产,型号定为 MAG,意为"导气式机枪"。与美国的 M60 机枪一样,它也是 20 世纪五六十年代世界著名的通用机枪之一,不少国家被特许生产,其中美国生产的被称为 M240 机枪。该枪现装备于英国、美国、加拿大、比利时、瑞典等 75 个国家,总数达 15 万挺以上

"梅卡瓦"坦克将防护性能置于坦克三大要素之首。具体体现在以下三个方面:一是总体布置为减少弹药爆炸引起的二次效应,车体前部和炮塔座圈以上部分不放置弹药。为保障乘员安全,尽可能使座位靠车体后部和处于相对较低的位置。用于保护乘员的装甲重量占坦克战斗全重的70%,大大高于其他坦克。为防止弹药引爆产生二次效应,该坦克将其放在可耐高温的特制容器内,布放在不易受攻击的炮塔座圈以下的车体中后部。机枪弹存放在间隙装甲的夹层空间里,同样可防枪弹爆炸对乘员的伤害。

二是动力传动前置。该坦克与众不同之处是,将动力传动装置前置,主要目的是提高坦克正面防护能力,以保护乘员安全。

三是重要部分采用间隙和(或)间隔装甲技术。该坦克在最容易受攻击的车体前上装甲、炮塔顶部和四周部位以及战斗舱顶部、后部和两侧重点保护部位,均采用间隙和(或)间隔装甲结构。夹层空间有的储存燃料,有的存放机枪弹,以增强防护和防范二次效应。

适合才是王道。从纸面上看,"梅卡瓦"的基本性能平平,它的单位重量功率甚至只有 14.28 马力 / 吨,刚刚超过同期生产的 M1 和"豹"2 的一半,公路速度不过 46 千米 / 时。然而注重实战的设计思路却使"梅卡瓦"在战场上身手不凡。

◎多次入选世界 TOP10 坦克排行榜的"梅卡瓦"主战坦克。由于 MK4 的发动机由气冷式改为液冷式，所以 MK1~MK3 不能直接升级到 MK4

　　"一切为了防护"，厚重的装甲，楔子一样巨大的炮塔，发动机前置，再加上主动防护、爆炸装甲，使"梅卡瓦"宛如"移动堡垒"。尽管"梅卡瓦"坦克机动性一般，但就防护能力而言，说它是世界第二，谁敢称世界第一？

三、装甲与反装甲武器的对抗

　　火力、机动、防护是现代坦克的三大要素，任何一款坦克都不可能做到面面俱到，必须从中取舍。"梅卡瓦"主战坦克是目前唯一把防护性放在首位的坦克，除了发动机前置外，更奇葩的是，为了加强防护，该坦克还装了 1 门 60 毫米迫击炮，可谓"仅此一家，别无分店"。其实，装甲和反装甲武器的对抗，从来就没有停下过脚步。"有矛即有盾"，辩证之法在装甲与反装甲武器的对抗中表现得淋漓尽致。

　　反装甲武器是打击"点目标"的,而装甲一方则以整个"面"来与反装甲武器相对抗。也就是说,反装甲武器一方通过直接瞄准、制导、自动寻的等手段,力图能直接命中装甲,并通过增大装药量、增加弹丸初速、增加弹丸密度等手段来提高穿(破)甲威力。不过,在制导武器和先进的坦克火控系统出现之前,想直接击中运动中的坦克并不是一件容易的事。现代战争实践证明,在形形色色的反坦克武器面前,主战坦克的生存能力急剧下降,单凭厚实的装甲已无法保证自身安全。因为再厚再重的装甲,也挡不住采用串联装药战斗部的反坦克导弹或反坦克火箭弹的打击。装甲一方在通过增加装甲厚度、提高装甲板材料的密度和硬度来消耗、分散弹丸的能量的同时,还充分利用反导等手段来与反装甲武器相抗衡。

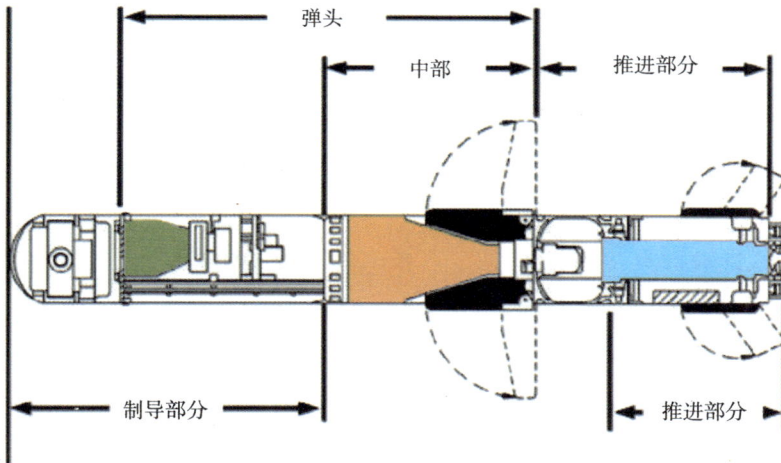

◎ "标枪"反坦克导弹的串联式聚能破甲战斗部

　　目前,装甲与反装甲武器的对抗基本处于攻守平衡的态势。120 毫米动能弹弹丸的炮口能量为 9 ~ 10 兆焦,而主战坦克的主装甲大体上可以防 9 ~ 10 兆焦的动能弹不被击穿。10 兆焦,这是一个什么概念呢?相当于一辆 50 吨的坦克从 20

米（8层楼）的高度上扔下去砸到地面上所表现出来的能量。下一代的140毫米动能弹弹丸所具有的炮口动能将达到15兆焦，比现在的120毫米动能弹提高50%。

同样装甲也在不断发展，在"乔巴姆"复合装甲之后，美国研发了贫铀复合装甲，装有贫铀装甲的美国M1A1主战坦克在海湾战争中表现出来了出色防护性；俄罗斯则用披挂式反应复合装甲来对抗。

另辟蹊径是反装甲武器的又一个套路，薄弱的顶部、侧面和底部装甲成为攻击的重点。它有两大特点，一是能自动寻的，二是能远程攻击单个坦克乃至集群坦克。目前，从装甲兵、炮兵、步兵到空军，都有攻顶式反坦克武器。

相比之下，装甲一方在对付攻顶式弹药方面落后了一步。目前采取的措施，或利用隐身技术、涂布迷彩等加以伪装，或在顶部加装反应式装甲，或加装激光报警装置，这些都属于消极防护措施。积极的主动防护方面，俄罗斯的"演技场"主动防护系统、以色列拉斐尔的"战利品"主动防御系统可算是领跑者。

◎发射中的"标枪"反坦克导弹：通过发射前选择飞行弹道，"标枪"可在"曲射"攻顶打击和"直射"正面攻击间进行切换

第7章

"阿琼"
主战坦克

目 前印度拥有 6000 多辆坦克，不能不说是一个坦克大国，但印度并
不是一个坦克强国。20 世纪 80 年代，印度在完成组装国产"胜利"
坦克之后，便开启了"阿琼"坦克项目，可惜"阿琼"更吸人眼球的却
是它创造的第三代主战坦克研制周期的世界之最。

印度人用 40 年时间，总算获得一款尽管不属国际一流水平但也不
算落伍的国产坦克。坚持实现国产，到底体现了印度陆军怎样的"雄心"？
"阿琼"又会给装备的发展带来怎样的思考？

一、"胜利"坦克

1961 年 8 月，为满足印度陆军对新型主战坦克的需求，在评价了英
国和联邦德国的主战坦克设计之后，印度政府与英国维克斯防务系统公司

（Vickers Defence Systems）就新一代主战坦克签订合作协议，由后者设计一款印度专用坦克，在英国制造样车，供应 90 辆生产型，并在印度阿瓦迪市建造一家新的坦克生产厂，专门生产后续数量。印度将坦克命名为"胜利"主战坦克，也被称作"维克斯"Mk1（Vickers Mk1）型坦克。

1963 年，"胜利"坦克开始生产，印度于 1965 年 1 月生产出第一辆该种坦克，但主要部件由英国供应。此后，印度逐步扩大坦克部件的自给能力，最终实现了全部部件在印度生产。

截至 1984 年初，印度完成了陆军订购的 1400 辆"胜利"坦克生产任务，连同从英国进口的坦克在内，总共拥有该型坦克 1500 辆。

◎ "奇伏坦"（Chieftain）坦克。又名"酋长"坦克，1963 年 5 月设计定型并投产，1965 年开始装备英国陆军。主要武器是 1 门 L11A5 式 120 毫米线膛炮

　　"胜利"主战坦克由轧制钢装甲板焊接而成，驾驶舱在前，战斗舱居中，动力舱后置。驾驶员在车体右前方，装填手在火炮左侧，车长和炮长在右侧，装有1台与"奇伏坦"坦克（即"酋长"坦克）相同的L60发动机，炮塔为焊接结构。总体来说，"胜利"坦克的布局并无特殊之处，带有明显的

◎ "胜利"坦克。这款从1965年就开始服役的老坦克没能等来"阿琼"坦克的全面接替便黯然退役

第二代坦克的痕迹，最大的缺陷在于炮塔左侧的补弹舱严重破坏了坦克的整体防护。主炮是由英国诺丁汉皇家兵工厂制造的 105 毫米 L7A1 型火炮，备弹 44 发，其中炮塔储存 19 发，25 发水平置于车体前部弹仓。

从技术角度而言，"胜利"主战坦克中规中矩，本质上是一种应用了部分"奇伏坦"技术的"百夫长"改进型号，同时为适应印度薄弱的工业生产能力，对制造工艺和整体设计进行了有针对性的简化调整。因此，"胜利"主战坦克具有第二代主战坦克的诸多典型特征，有较为理想的综合性能，但终究是英国维克斯公司用"货架部件"拼凑的一种出口型产品，只能代表西方 20 世纪 60 年代的二流坦克技术。

"胜利"主战坦克对印度国防工业的意义重大，在它的牵引下，印度得以迅速建立起自己的坦克工业，拥有初步完整的国防工业体系。

二、从"印度豹"到"阿琼"

1971 年，"胜利"坦克参加了第三次印巴战争。尽管印度对"胜利"坦克的表现并不满意，但对本国装甲车辆研制能力却自信满满，于是在 1972 年，印度政府提出尽快自行研制一款先进的新型坦克。新型主战坦克的设计指标：战斗全重 50 吨，配备 120 毫米线膛炮及高性能弹药、先进火控系统、大功率柴油发动机及高效传动系统、复合装甲，而且这些都实现彻底国产化，目标是超越当时正在研制的"豹"2 坦克。也正是基于这样的目标，1973 年，印度国防部将国产的新型坦克命名为"印度豹"（Chetak）主战坦克，代号 MBT-80。

历史上，印度和巴基斯坦同属英属印度，是英国最大的殖民地。第二次世界大战后，英国政府不得不同意向印度人移交政权。1947 年 6 月 3 日，印度总督蒙巴顿提出了印度独立方案——"蒙巴顿方案"。将印度一分为三，即印度教徒的印度、伊斯兰教徒的巴基斯坦和王公土邦。规定各王公土邦有权按自愿原则选择加入上述两个国家，或保持同英国的旧有关系。这样一来，印度两大教派政党，即国大党和穆斯林联盟围绕国家统一还是分治，以及争夺王公土邦领土，展开了旷日持久的冲突与战争。

印巴双方在克什米尔地区主权的问题上态度都很强硬，自 1947 年 10 月爆发第一次印巴战争以来，双方经过数十年的争夺战。

1974 年 3 月，印度政府正式批准了"印度豹"计划立项，初步估计项目预算 1.55 亿卢比（当时约合 360 万美元），这个数额对当时的印度可以算得上"天文数字"。计划在 1983 年 12 月前完成"印度豹"第一辆样车，以后按每月 1 辆的速度，生产出 12 辆样车，但是项目启动 9 年后，丝毫不见进展，样车陷入"难产"困境。原因令人惊讶：印度当时根本就没有坦克生产能力和相应的配套工业基础，所谓的印度自行生产"胜利"坦克，不过是在阿瓦迪市建立一条组装生产线，印度仅负责生产一些不重要的配件，而且往往质量也不合格——英国设计的"胜利"坦克战斗全重 39 吨，印度生产出来的"胜利"竟然变成了 41 ~ 42 吨。至于新型坦克所需要的火控系统、发动机、传动系统等，印度都毫无技术基础，样车"难产"丝毫不意外。

但印度政府毕竟舍不得已经投入的 1.55 亿卢比"打水漂"，决定继续加倍投资。1984 年 3 月，在耗费了 3 亿卢比的研制资金后，印度战车研究发展局终于拿出了 2 辆样车，1985 年 3 月，首次公开展出，1985 年 4 月 19 日，印度陆军参谋长正式将这款研制中的新型坦克命名为"阿琼"（Arjun）。

然而，后面的故事却令人咋舌。

在熬过样车故障频发、购买俄罗斯 T-90S 和升级 T-72 应急之后，1987 年 8 月 7 日，阿迪瓦厂终于迎来盛大的量产下线仪式，披红挂彩的 5 辆量产型"阿琼"，交给印度陆军第 43 装甲团，但意想不到的是，"阿琼"再次成为媒体焦点却是因为印度陆军恳请政府放弃"阿琼"项目。印度媒体甚至把"阿琼"主战坦克戏称为"主败坦克"，陆军部分军官公开称其为"白象"（"中看不中用"的意思）。

然而，铁了心的印度政府于 1999 年 3 月拨款 4.25 亿美元用于生产 124 辆"阿琼"（每辆单价 235 万美元），计划在 2003 年前装备 2 ~ 3 个团。2000 年 9 月底，印度政府再次宣布"阿琼"正式投产（或者说"第二次量产"）。根据印度战车研究发展局当时预测，每辆坦克单价高达 470 万美元，而且不包括服役后在弹药、备件和保障方面的费用，这意味着其项目总投资高达 35 亿美元。"第二次量产"总算生产了 35 辆，折算单价 1 亿美元 1 辆。

2005 年 10 月，印度国防部长在国会上承认"阿琼"坦克的沙漠测试失败。神奇的是，2007 年印度政府宣布"阿琼"通过测试，并不顾陆军强烈抗议，

◎印度阅兵式上"盛装"展示的"阿琼"坦克

又一次宣布"量产"124 辆。不过这次仅仅交付部队 14 辆，原因是发动机等部件再度故障。

更奇葩的是，2010 年 3 月印度政府宣布，已交付的 14 辆"阿琼"坦克中的 2 辆与俄制 T-90S 坦克在沙漠中进行的对比测试中，"阿琼"胜出，并透露了一个耐人寻味的细节：印度陆军军官们认为，要不是"阿琼"坦克操作人员的熟练度不够，"阿琼"很可能会表现得更加出色。一切似乎都很合理。2010 年 5 月 17 日，印度政府宣布：再生产 124 辆"阿琼"。

一年后，印度政府对外宣布改进型"阿琼"MK2 的研发工作大功告成。与基础型相比，"阿琼"MK2 的成绩有"国产率达 90%，增加了多达 93 项改进，其中包括 13 项大改，如装备炮射导弹，装甲、机动性、可靠性都得到改善"。2011 年 9 月，英国《简氏防务周刊》称，印度计划推出的"阿琼"MK2 的单价高达 3.7 亿卢比（约合 802 万美元）。相比之下，印度进口的俄罗斯 T-90S 坦克单价仅 250 万美元，美国向埃及推销的 M1A1 坦克单价也不过 695 万美元。

◎ 俄罗斯 T-90S 主战坦克。它改良自 T-72，但采用了 T-80U 的火控系统。T-90S 主战坦克继承了苏联坦克装甲防护的一贯风格，采用了首上装甲板与首下装甲板水平倾角相近的楔形车首，以及半椭圆铸造炮塔设计。防护能力是 T-90S 的一大弱项，其炮塔抗穿甲弹能力相当于 530 毫米轧制均质钢装甲，抗破甲弹能力相当于 520 毫米轧制均质钢装甲。在附加"接触"-5 反应装甲后，炮塔的正面被动防护能力大为提升，其抗穿甲弹能力相当于 780 ~ 810 毫米的轧制均质钢装甲，抗破甲弹能力相当于 1020 ~ 1220 毫米的轧制均质钢装甲。但与欧美主战坦克相比，差距不小

"阿琼"主战坦克基本性能数据

项目	数据
乘员	4 人
战斗全重	58.5 吨
车长	10.194 米
车宽	3.874 米
车高	3.32 米
最大公路速度	72 千米 / 时
越野速度	40 千米 / 时
最大行程	450 千米
主要武器	1 门 120 毫米线膛炮，1 挺 12.7 毫米高射机枪，1 挺 7.62 毫米并列机枪

三、对"白象"的思考

坦克是一种具有强大直射火力、高度越野机动和坚强装甲防护的履带式装甲战斗车辆。它是地面作战的主要突击兵器和装甲部队的基本装备，具有高速度、大纵深突击的能力，主要用于与敌坦克及其他装甲战斗车辆作战，也可以用来压制、消灭敌方的反坦克武器和其他炮兵武器。火力、机动和防护是坦克战斗力的"金三角"。

"阿琼"坦克最初考虑过美国 M1 主战坦克配套的燃气轮机，不过后来考虑到燃气轮机的耗油状况超出印度陆军的承受能力，最终选择了国产新型柴油机，额定功率 1500 马力，达到"二战"后第三代主战坦克主流水平。但这款国产柴油机制造出来后实测功率只有 500 马力，即使进行了增压来提高功率，也只达到设计功率的三分之二，无法装车。

由于本国柴油机工业"不给力"，倾向于选用节油的柴油机的印度政府，便将目光投向了在柴油机领域独步全球的德国。通过筛选了 42 种德国发动机和配套的传动系统方案后，印度最终选择了功率 1500 马力的 MTU 公司

◎沙漠测试期间的"阿琼"坦克

MB873Ka-501 柴油发动机，作为首批"阿琼"原型车的动力系统。顺便说一点，这可是当时"豹"2 坦克的发动机。

但很快印度又认为其"体积过大超重"，改选体积较小的"豹"1 坦克配套的发动机（功率 830 马力），同时却要求将功率提升到与 MB873Ka-501 相当。德国 MTU 公司果然技术底蕴雄厚，硬是把这款发动机功率提升到了 1400 马力，1988 年在印度的西南沙漠实验场进行了测试。然而，南亚高温沙漠显然与德国的气候差异较大，强行升高发动机功率，势必造成"阿琼"在沙漠高温测试下出现"心脏病"。

火力方面。印度似乎也是"记吃不记打"。1972 年，"阿琼"预研时，英国诺丁汉皇家兵工厂的 L7 系列 105 毫米线膛坦克炮赫赫有名，美国、德国、中国等都曾经将 L7 线膛坦克炮引进国内生产改进。既然"印度豹"设定目标要胜过德国"豹"，于是便引进了 120 毫米线膛炮 L11A5。一般来讲，线膛炮射击精度高，但身管烧蚀重、保养难、寿命短，像 L11A5 的炮管寿命只有 120 发。

◎ "阿琼"坦克进行火控设备测试

1991 年海湾战争，英军第 7 装甲旅在"沙漠风暴"行动之前，其编制内约三分之一的"挑战者"坦克在训练中就打"秃"了膛线，不得不紧急更换炮管。"阿琼"坦克既然用了线膛炮，自然也有同样的毛病。

火控系统。印度高层希望能够自产火控系统，于是设计人员综合多国先进设备，本土组装出"萨吉姆"全数字化火控系统，然而实际打靶表现令人失望。

防护性。防护性是坦克的生存之本。1976 年，英国才宣布研制成功"乔巴姆"装甲，因此"印度豹"刚研制时无法从英国引进尚处于绝密状态的新型装甲技术，样车用的是高锰钢（很多学者称其为"锅炉钢板"或者"履带钢板"）。最终在漫长的等待后，"阿琼"坦克装上了国产"坎昌"复合装甲，据说它对动能穿甲弹的防护能力相当于 700 毫米均质钢，这足可以与美国 M1A2 坦克贫铀装甲水平比肩。事实果真如此？外人不得而知，因为这只是印度战车研究发展局的一家之言。

◎印度国防研究与发展组织（DRDO）在 2018 年陆海军装备防务展上展示了"阿琼"MK2 坦克的机动性，并声称该坦克为"沙漠法拉利"

纵观印度"阿琼"坦克的研制历程，可以发现，从其最初计划设定指标，到具体研制试验过程，印度决策层可谓失误连连：一是忽略本国的坦克工业乃至整个重工业基础，盲目追求世界尖端技术；二是在研发过程中缺乏灵活处置的能力，既强调国产，又不得不大量引进国外设备，最后造成"阿琼"价格高昂，也难以真正实用。说到底，"阿琼"坦克的困难其实是印度"大跃进"国防思想的必然产物，不切实际地追求高性能武器，最终自酿苦果。

当然，我们不排除印度有可能最终研制出一款先进（或至少实用）的坦克，只是相比如此巨大的资金投入，如此漫长的研制历程，这个项目可谓"苦涩"十分。面对这款全球最贵的坦克，印度政府仍声称"阿琼"MK2"很成功""很完美"，最好地诠释了印度国防建设"跃进到底"的雄心。

2017年，印度陆军推出了下一代主战坦克（FRCV）项目，计划从21世纪20年代投入使用，并一直服役到21世纪中叶。FRCV预计重达50吨。在设计上，印度将与外国合作商共同展开设计，计划参考俄罗斯T-14"阿玛塔"、乌克兰"堡垒"、法国"勒克莱尔"和韩国K2"黑豹"坦克。

此外，印度陆军还计划在第二阶段生产FRCLV——FRCV的轻型版本，重约30吨。

◎乌克兰"堡垒"主战坦克。战斗全重为48吨，乘员3人。从外形上看，具有T系列坦克的典型特征，轮廓低矮，外形紧凑。最大的改进是采用了北约标准的120毫米滑膛炮

第8章

K2 "黑豹" 主战坦克

韩国研制发展主战坦克起步较晚,尽管韩国的军工研发能力和制造能力一般,但凭借强悍的民用工业,还是在国防武器制造上取得了不错的成绩,毕竟 K1 系列主战坦克连续多年进入"世界主战坦克十佳排行榜"。

对于 K2 主战坦克,韩国更是自诩这款坦克是"世界第二,亚洲第一"的坦克。K2 的确融合了第三代坦克之所长,是名副其实的"混血"。

一、K1 系列主战坦克

韩国研制国产主战坦克是从 20 世纪 70 年代开始的,不过,毫无坦克研制经验的韩国工业界从一开始就寄希望于美国的坦克制造商。K1 主战坦克就是在美国 M1 系列主战坦克的基础上研制而成的,由美国通用动力公司负责设计定型,总体布置与 M1 主战坦克基本相同,外形相似,被称作"微缩版 M1",驻韩美军给 K1 的昵称就是"小艾布拉姆斯"。

◎ 1985 年开始,K1 主战坦克装备韩国陆军,为了纪念 1988 年即将举办的汉城奥运会,1987 年 9 月正式命名为 88 式坦克,共生产了大约 1000 辆

　　K1 坦克采用常规结构布局，驾驶舱在前，战斗舱居中，发动机和传动装置位于后部。乘员 4 人。K1 采用美国 M68A1 式坦克炮，与 M1、M48A5 相同，是英国 L7 线膛炮的美国改良版；携弹量为 47 发，比 M1 少 8 发。为适应朝鲜半岛多山的地形，K1 比 M1 坦克更扁平、短小，车体长缩短了 44 厘米，车宽减少了 6 厘米，车高降低了 12.5 厘米。K1 战斗全重比 54.545 吨的 M1 主战坦克减轻了 3.4 吨。K1 坦克采用了德国 MTU 柴油发动机，便没有采用 M1 坦克使用的燃气轮机。

　　K1A1 主战坦克是 K1 的第一个演变型号。1996 年初，韩国现代精密机械工业公司（以下简称 "现代公司"）完成了第一辆 K1A1 主战坦克样车。K1A1 坦克的主要特点是用美国的 M256 型 120 毫米火炮代替 K1 坦克的 105 毫米火炮，这种火炮与美军 M1A1 坦克的相同，两者的弹药具有通用性。K1A1 坦克外观上除了炮管显得粗一些、火炮根部有圆形护盾外，其他基本没有变化，车宽、车高与 K1 主战坦克完全相同，只是车长（炮向前）由 7.67 米增至 9.71 米。K1A1 坦克还进行了其他一些改进，包括增强了装甲防护，战斗全重增至 53.2 吨。

　　出口型 K1M 主战坦克是韩国根据马来西亚的要求，对 K1 坦克进行了一些改进后的出口型坦克。

　　目前，K1 系列主战坦克车族中的变型车辆主要有 K1 装甲抢救车和 K1 装甲架桥车。该车由现代公司同德国马克公司合作，在 K1 坦克底盘的基础上研制而成。德国马克系统公司负责抢救设备的设计和生产，现代公司负责将抢救设备安装到底盘上，然后将整车交付给韩国陆军。

◎ K1 装甲抢救车

◎ K1 装甲架桥车

二、K2 主战坦克

在 20 世纪 90 年代初，韩国启动了新型坦克项目，K2 坦克项目代号"黑豹"，由韩国国防科学研究所（ADD）和现代汽车下属单位 Rotem 以及其他的韩国国防工业公司合作研制。韩国的计划是用十年时间来打造这款坦克，以更换现役的 K1 坦克。

K2 主战坦克的设计完成于 2006 年。它延续了 K1 坦克的设计，驾驶舱位于车体的左前方，车体是战斗舱，车体后部是动力舱。为了造出强大的国产坦克，韩国遍访全世界寻找灵感、技术以及各式解决方案。

◎ K2 主战坦克。用于取代 K1 系列和 M48 坦克，战斗全重 55 吨，乘员 3 人，装备了最新的德国 120 毫米 L55 火炮，类似于德国"豹"2A6 和 2A7。炮塔明显受法式风格影响，炮塔正面和两侧装甲接近垂直，炮塔后面多了一个尾舱，安装有自动装弹机。K2 坦克在炮塔前部加装了毫米波雷达，也是世界上第一种装备毫米波雷达的坦克。负责开发 K2 主战坦克的韩国国防科学研究所形容它是"全世界技术水平最高的一种主力战地坦克"

通过借鉴法国 "勒克莱尔"，韩国研发了自己版本的自动装弹机。K2坦克的炮塔也与法国 "勒克莱尔" 的炮塔风格类似，炮塔正面和两侧装甲接近垂直，缩小了K1坦克上的窝弹区，自动装弹机安装在炮塔后面的尾舱里。

学习德国莱茵金属公司的经验，韩国自主研发了120毫米L55火炮，相比于M1和老式 "豹" 2坦克的120毫米L44火炮，长度超出整整1.3米。长炮管使得内压更大，L55炮口初速更快。

通过潜水装备，K2的涉水深度达4.2米，这种潜水装备也可作为 "指挥塔"，这是韩军从20世纪90年代末购自俄罗斯的T–80U坦克上掌握的技术。

K2坦克的火控系统来自法国泰雷兹集团的技术转让，由于火控系统的高度自动化，即使是应征入伍的新兵都能很快学会使用。一旦目标锁定，火炮和炮塔便能自动追踪目标，无须人为干预。而韩国人的创新，最大的体现是将K2坦克的火控系统与毫米波雷达结合使用。虽然这种雷达不源于韩国，但如此结合应用却是独一无二的。

K2坦克配备智能型 "发射后不管" 炮弹（Smart Target Activated Fire and Forget，STAFF），可打击隐蔽的坦克甚至攻击直升机。攻击时，K2坦克便会将炮管提升至接近迫击炮的角度，间接发射这种毫米波雷达引导的 "顶部攻击" 炮弹。德国和以色列有类似的装甲弹，但只有地面火炮使用。STAFF有效射程介于2～8千米，根据任务特性来选择不同的高、低飞行路线，并根据天气与射程而使用不同的弹道编程。这种炮弹也被称为 "韩国智能顶部攻击弹"。

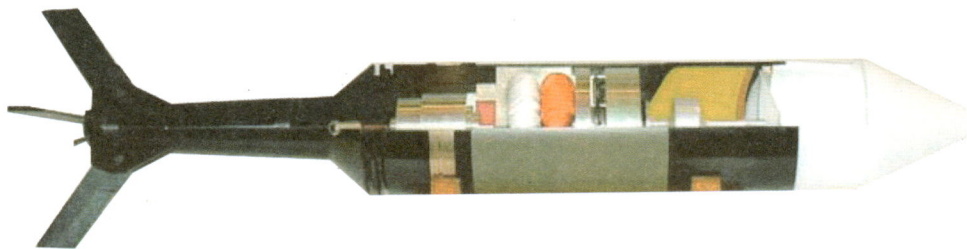

◎韩国STAFF智能型攻顶炮弹。仿制于美国M–830A1，重13千克，配备毫米波雷达制导头、红外制导头与雷达高度计。每辆K2坦克配备4～6枚STAFF炮弹

同时，K2 主战坦克具备一系列新型电子防御功能，所装备的激光探测器可以即时告知敌方激光束来自何方；先进的火控系统可控制 120 毫米主炮击落低空飞行的敌机。K2 坦克上还安装了第三代坦克最先进的火控系统，该系统包括 C4I 网络系统、GPS 定位系统、战斗管理系统。装备这些设备后，该坦克具有不论在静止还是行进间打击静止和活动目标的能力，以及夜间作战能力。也就是说，该坦克具备当下最先进的"主动猎 – 歼"能力。

K2 的动力系统采用的是德国产的柴油发动机，最大行程 430 千米，最大速度可以达到 70 千米 / 时，早期公开的数据显示，K2 可以横跨 4 米多深的河流，不过在韩方的军事演习中"韩国豹"却被一堵矮墙挡住了去路，这多少有些打脸。

尽管韩国研发出了 K2，但从过程中可以看出韩国还是缺乏研发经验，研发与生产体系并不完善，许多零部件依赖进口，其中动力系统的依赖程度最高，这也造成了目前 K2 单价过高的窘境。但总体来说，韩国坦克工业的未来还有很大的提升空间。

K2主战坦克基本数据

项目	数据
乘员	3 人
战斗全重	55 吨
长度（炮向前）	10 米
宽度	3.6 米
高度	2.5 米
发动机	MTU MB-883ka500、4 冲程、12 汽缸水冷柴油引擎
最高速度	70 千米 / 时（0 ~ 32 千米 / 时，加速仅 7 秒）
最大行程	430 千米
涉水深度	1.2 ~ 4.2 米
主要武器	1 门 L 55 式 55 倍径 120 毫米滑膛炮，1 挺 7.62 毫米机枪，1 挺 12.7 毫米重机枪

第9章

10式主战坦克

日本真正意义上的坦克工业是"二战"后才发展起来的，他们也搞出过惊艳世界的90式主战坦克，但日本人建造坦克更像是在堆砌新技术，而少了那么一点实用性。其实坦克在日本本土使用机会不多，也没有外贸。即使以后可以对外军售，但价格实在贵得吓人，估计不会有太大的市场份额。

然而这一切似乎都不会左右日本发展坦克的热情。

20世纪90年代后，国际坦克市场呈现出逐渐萎缩的态势，但日本的新坦克以及与坦克伴随的新型装甲车、自行火炮、自行防空炮、两栖突击车等装甲装备却层出不穷。

一、从61式到90式

第二次世界大战后，日本的第一种坦克于1961年正式定型，被命名为61式中型坦克，是三菱日本重工业（1964年后改称"三菱重工"）在美制M46和M47"巴顿"坦克基础上研制的。61式坦克总共生产了560辆，2000年全部退役。

◎ 61式坦克于1962年正式装备，主要用来取代老旧的M24、M41轻型坦克和M4A3中型坦克，作为日本建设现代坦克工业的起点，是61式坦克的最大意义

　　61 式坦克战斗全重 25 吨，炮塔采用整体铸造结构，呈对称椭圆形，但右侧突出稍大些，侧面的轮廓也稍有不同，后半部向后突出。炮塔尾舱里存放炮弹，炮塔内有通风装置、无线电台，还装有各种小型工具箱。车长炮长坐在炮塔内右侧，炮长位于车长前面，车长的鼓形指挥塔可做 360 度旋转。主炮是 1 门 61 式 90 毫米的 L52 线膛炮，动力装置是三菱 12HM21WT 型 12 缸风冷柴油机，最大功率 570 马力。

　　与同时期其他国家的坦克相比，61 式坦克的技术性能算是中规中矩。比较独特的是，61 式从设计之初就考虑到了日本铁路的标准轨距比其他国家小，所以为方便坦克的铁路机动，61 式车体也做得更小了一些。

　　74 式中型坦克是"二战"后日本研制的第二代坦克，目标假想敌是苏联在远东地区部署的 T–62 坦克。74 式坦克得到了西方盟友的先进技术支持，由日本三菱重工负责研制。比如，74 式的主炮是英国 L7A1 型 105 毫米线膛炮，日本制钢所从英国皇家兵工厂获得了其生产制造许可证后在国内大量生产这种主炮；联邦德国为日本提供了先进的轧钢技术和火控系统；弹道计算机和红外夜视系统是美国货。

　　1975 年 9 月，日本陆上自卫队接收首批生产型车，1990 年停产，74

◎ 74 式坦克。其研制工作始于 1964 年，1967 年开始研制样车，被命名为"STB"，意为"第二代国产坦克样车"，1968 年开始整车试制，1974 年 9 月定型，命名为"74 式坦克"

式坦克共生产了 870 辆。尽管日本现在早已有了更先进的 90 式坦克，但 74 式更适合日本特殊的狭窄山地和水网地形以及较高的城市化程度，所以 74 式仍然在日本陆上自卫队大量服役。

进入 20 世纪 80 年代，随着世界各国都开始研发新型主战坦克，日本自然不甘落后。很快，日本坦克工业就拿出了一件惊艳世界的作品——90 式主战坦克。因为大量参考了当时"豹"2 坦克的设计，90 式坦克有着十足的西欧风格。

90 式坦克的战斗全重高达 50 吨，是日本历史上最重的坦克。90 式坦克方正的炮塔造型与"豹"2 主战坦克十分相似，车体与炮塔由钢板焊接而成，炮塔前方与车身正面安装了三菱重工的制钢厂研发的新型复合装甲，其余重要部位则以间隙装甲补强，炮塔顶部加装特殊装甲，用来抵御攻顶武器。它的主炮是日本生产的德国莱茵金属公司的 Rh120 型 120 毫米滑膛炮，并配备 1 挺 M-2HB 式 12.7 毫米车长高射机枪和 1 挺 74 式 7.62 毫米同轴机枪，两者备弹数目分别为 600 发与 3500 发。1990 年，90 式坦克进

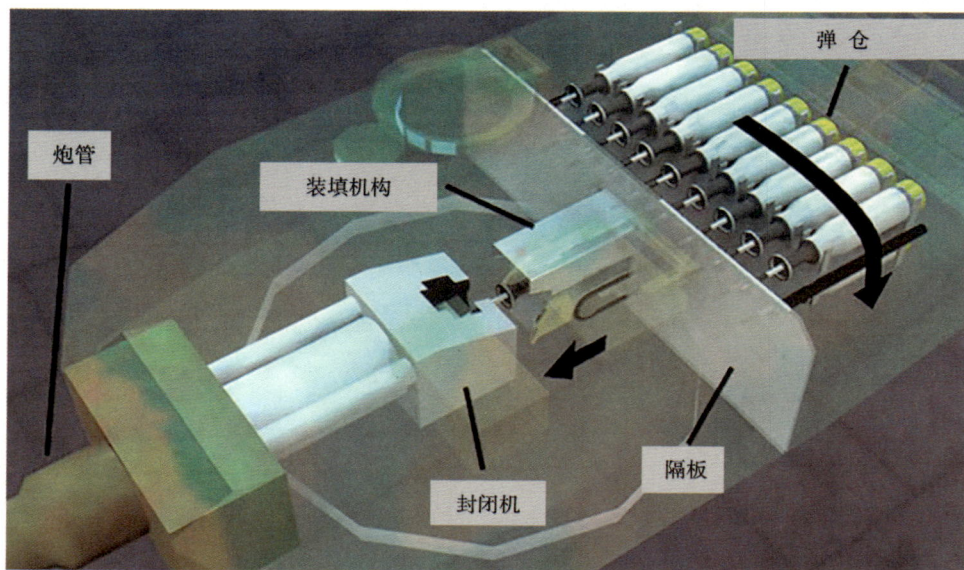

◎ 90 式坦克自动装弹机。采用弹带输送弹药，优于俄制坦克的旋转式自动装填系统。90 式坦克共可搭载 40 发主炮弹药，其中 25 发储存于炮塔尾部的自动装填系统中，另 15 发则位于驾驶座右侧的弹舱内，这种配置类似"勒克莱尔"坦克

入日本陆上自卫队服役，主要配备给了位于北海道的第七师团。

90 式坦克的发动机是三菱重工研制的 10ZG32WT 型 2 冲程液冷柴油机，带涡轮增压器，最大功率达到了 1500 马力。

特别值得一提的是 90 式主战坦克先进的火控系统——日本研发的 JSFCS-212 火控系统，它模仿联邦德国的"豹"2 坦克的指挥仪式控制方式（"猎－歼"模式），但用钇铝石榴石（YAG）激光测距仪（属于第二代激光测距仪，其激光波长为 1064 纳米，是不可见的近红外光。与第一代红宝石激光测距仪相比，其电光转换效率高、阈值低，能在高重复频率下工作，电耗降低、体积减小，且具有隐蔽性，但容易对眼睛造成损伤）代替了以前的红宝石激光测距仪，弹道计算机也从模拟电路式换成了数字式，并装有双向稳定器。1996 年在美国华盛顿州的一次试验中，90 式坦克射击美制 M60 坦克的靶标，行进间将其一辆一辆地击毁，命中率近乎 100%，这是先进的火控系统的功劳。

二、10 式坦克

10 式主战坦克（Type10 MBT）是由日本防卫省技术研究本部主持，三菱重工生产的日本陆上自卫队新一代主战坦克。10 式坦克采用了多种革命性新技术，自诞生之日在世界各大坦克排行榜一直是榜上有名。

10 式主战坦克以"新中期防卫力整备计划"为基础开发，项目被命名为"TK-X"，2002 年制造出第一台原型车，2008 年 2 月 13 日正式公开，2012 年 1 月开始正式服役于日本陆上自卫队。

10 式坦克外观与传统构型的坦克相似，但使用了大量最先进科技，也延续日本武器一贯的精致细腻。相比于 90 式主战坦克，10 式轻了 6 吨，战斗重量 44 吨。

动力方面，10 式采用 1 台日本国产四行程柴油 V8 发动机，每分钟 2300 转时可输出 1200 马力的最大功率，最大速度 70 千米 / 时。

10 式坦克的车体与炮塔采用滚轧均质钢甲制造，车头正面上部加装新型复合装甲，炮塔外侧加挂模块化装甲。从 90 式坦克的陶瓷 / 金属复合装

◎ 10式坦克：为了更适合日本多山的地理环境，提高机动能力，从74式开始，日本坦克就采用液压悬挂系统，10式也不例外。液压悬挂装置可以提高坦克越野行驶的平稳性；通过调节车体前后的倾角和车底与地面的高度，增大坦克火炮的俯仰角，有利于山地作战；液气悬挂装置还可降低坦克的高度，减少被发现的概率与被弹概率，提高坦克的防护能力。液气悬挂装置虽然先进，但也存在成本高、结构复杂、可靠性不高等缺陷，保养与维修也十分复杂

甲开始，日本坦克工业的装甲制造实力便大增，而10式使用的日本国产复合装甲，其内外部各由厚度不等的高抗弹性滚轧均质钢甲制成，中间的夹层包含部分非金属材料与一层超高硬度钢甲，此外还有碳纤复合材料夹层，使其能同时抵挡高爆穿甲弹喷流与尾翼稳定脱壳穿甲弹的攻击，据日本方面的说法，它的防护效能优于"乔巴姆"装甲。

10式坦克配备1门日本自行开发的120毫米44倍口径滑膛炮，基本设计与90式的120毫米滑膛炮相同，但提高了膛压，炮塔尾舱内设有1具水平式自动装弹机来供应主炮所需的弹药。10式坦克主炮的弹种除了传统的尾翼稳定脱壳穿甲弹、高爆穿甲弹、高爆榴弹之外，还能使用一种程序化引信炮弹，其电子引信能在穿透三层墙壁之后才引爆弹头，主要在城市战中用来对付隐藏于工事后方或建筑物内部的对手。

10式主战坦克基本数据

项目	数据
乘员	3 人
战斗全重	44 吨
长度	9.42 米
宽度	3.6 米
高度	2.3 米
最大行驶速度	MTU MB–883ka500、4 冲程，12 汽缸水冷柴油引擎
最高速度	70 千米 / 时
最大行程	440 千米
主要武器	120 毫米滑膛炮，"勃朗宁"M2 重机枪（车顶）、74 式车载机枪

第10章

"勒克莱尔"
主战坦克

在 中东战争之后就宣布不再生产坦克的法国人却推出了"勒克莱尔（Leclerc）"主战坦克，GIAT 产品编号为 AMX-56，之所以命名为"勒克莱尔"，是为了纪念"二战"时期首先率军进入巴黎的法国陆军菲利普·勒克莱尔·德·奥特克洛克（Philippe Francois Marie Leclerc）元帅。

不能否认，"勒克莱尔"是一个成功的设计。法国人引以为傲地宣称这是"全球第一种第四代主战坦克"，不过也有人称之为"20 世纪最后的传统构型主力战车"。但"最贵的坦克"是一定的，"勒克莱尔"以 1000 万美元的单价位居"豪坦"之首。

◎菲利普·勒克莱尔·德·奥特克洛克，1902 年 11 月 22 日生，1947 年 11 月 28 日遭遇空难逝世，1952 年被追授"法国元帅"军衔（上图左一）

一、120 毫米主炮

"勒克莱尔"配备 1 门 GIAT 集团的 CN–120–26 型 120 毫米 52 倍口径滑膛炮，此炮一度是西方世界炮身最长的坦克用滑膛炮，直到 20 世纪 90 年代末期，配备 120 毫米 55 倍口径滑膛炮的德国"豹"2A6 亮相时才退居次席。

CN–120–26 型主炮沿用 AMX–30 坦克以来的典型法式设计，为了追求内弹道性能而未设置炮膛排烟器，改从战斗室内以压缩空气将开火后炮管内的硝烟吹除。CN–120–26 火炮能间瞄射击，并通过射控系统与观测系统同步动作。CN–120–26 具有铝美合金炮身热套筒，用于防止炮管受热变形，除了 GIAT 开发的弹药外，还能使用北约制式 120 毫米滑膛炮弹药。不同于 M1 与"豹"2，"勒克莱尔"的主炮采用自动装填系统，编制 3 名乘员（没有装填手），自动装填不仅能减少人力需求，也使坦克的结构更加紧致，此外还可大幅提高射速（每分钟 12 ～ 15 发）。

◎ "勒克莱尔"主战坦克。采用 1 门 120 毫米 52 倍口径滑膛炮，炮口没有制退器，炮膛中部也没有设置抽烟装置

　　"勒克莱尔"坦克的弹药主要是120毫米 APFSDS F1A 尾翼稳定脱壳穿甲弹，有效射程4千米；120毫米 HEAT-MP F1 高爆穿甲弹（采用锥形化学能装药弹头），有效射程3千米；120毫米 HE F1 高爆榴弹，有效射程超过4千米，主要用于对付人员、建筑物、轻装车辆等软式或半硬式目标。

　　比较有意思的是，"勒克莱尔"坦克虽然使用的是120毫米主炮，但在原始设计时就预留了换装140毫米主炮的空间。

◎最新曝光的使用140毫米滑膛炮的"勒克莱尔"主战坦克。与传统"勒克莱尔"主战坦克相比，这辆试验车采用少见的硬条纹迷彩

知识链接

GIAT集团

　　GIAT集团是历史悠久的法国军火制造商，又称伊西莱姆利罗公司，其前身可追溯到1690年。当时波旁王朝国王路易十四在小镇图尔设立兵工厂，从事皇家军队的武器生产。目前该公司总部设在巴黎郊外的布尔歇。

　　GIAT工业集团公司的主要机构是装甲系统分公司、武器与弹药系统分公司。武器出口业务占GIAT总营业额的60%。

　　装甲系统分公司负责与各类装甲车辆相关的业务，至今已生产"勒克莱尔"坦克、AMX-

二、动力选择

　　"勒克莱尔"坦克采用了 1 台体积小、重量轻、易启动、功率高且不冒黑烟的新型 SCAM V8X–1500 8 汽缸水冷涡轮增压柴油发动机，由 SAGEM 的电子控制系统监控（包括燃油喷射、汽缸正时、资料监控与显示等机能），搭配采用微处理器控制与静液压转向机构的先进 ESM–500 自动变速箱，在每分钟 2500 转时可达 1500 马力最大输出功率，具备原地回转能力。由于"勒克莱尔"重量较轻，所以功率重量比高达 28，超过了 M1 与"豹"2 坦克。

◎法国 SCAM V8X–1500 8 汽缸水冷涡轮增压柴油引擎属于比较另类的发动机，采用小型燃气轮机作为增压涡轮，配合 8 汽缸水冷式柴油机做功

30坦克、VAB、AMX–10和AMX–13侦察车等18 000多辆。此外，还生产陆军和海军作战平台上各种口径火炮的炮塔，提供装甲部队的全套装备。后勤支援装备部也是该分公司的重要组成部分。

　　武器与弹药系统分公司负责与各种武器及车载、机载、舰载炮架、弹药以及主动防护装置相关的业务。产品范围包括105～155毫米的各种野战火炮系统及其弹药（传统炮弹、子母弹、灵巧炮弹）、中口径武器和弹药、坦克炮及其弹药。

"勒克莱尔"坦克还使用了一套涡轮机械公司（Turboeca）的TM-307B辅助动力系统，包括一具涡轮和发电机等，能在发动机关闭时提供车上装备运作所需的电力，例如为车上电瓶充电、提供动力给炮塔与射控系统进行接战，或者在冷车的情况下启动发动机。为了简化后勤维修作业，"勒克莱尔"的发动机、变速箱、冷却装置与辅助动力系统等相关动力输出组件结合成一个紧凑的矩形包件，其更换与维修作业十分简便，50分钟内可更换完毕，远低于AMX-30所需的180分钟。毫无疑问，动力系统紧致化是"勒克莱尔"体积大幅缩减的关键因素。此外，"勒克莱尔"的油箱本身就附带抽油泵，能从一般的燃油筒中汲取燃油，能在8分钟内加满油箱，后勤补给迅速。

三、火控系统

作为世界最先进的坦克之一，"勒克莱尔"坦克120毫米52倍口径滑膛炮拥有精准的射击能力，这主要得益于"勒克莱尔"自动化程度极高的精密火控系统。"勒克莱尔"火控系统以中央处理器为核心，连接车上所有的目标观测器、传感器、弹道计算机与所有的稳定系统（包括观测器与主炮）。接战时，射控计算机通过观测系统传来的资料自动进行目标信息统整，资料计算机则传送本身的资料，此外也获得大气感测装置获得的资料，计算出射击参数。"勒克莱尔"的主炮稳定系统、俯仰系统以及炮塔旋转系统可以保证炮塔能自动定向，主炮永远指向目标并抵消行驶时的摇晃震动。

坦克火控系统是控制坦克火炮瞄准和发射的系统，用以缩短射击反应时间，提高首发命中率。早期的坦克火控系统是从舰艇火控系统改进而来

的，与其称其为火控系统，不如根据其早期只具有较为单一的功能，称其
为单自由度垂直稳定系统。这种稳定系统在停车射击时可以缩短反应时间，
但不能做到移动射击。

直到"冷战"初期，"百夫长"可以称得上是具有优良火控系统的
坦克。

"勒克莱尔"拥有良好的猎－歼（Hunter–Killer）能力：当炮手正用
瞄准器与主炮接战某一个目标时，车长就能用他的独立瞄准仪搜索下一个
目标，等炮手接战完毕便按下按钮，自动将炮塔转向新的目标，让炮手立
刻进行新的标定与射击工作。此外，车长如果在炮手追描一个目标时发现
另一个更有价值的目标，便能操控炮塔去对准新的目标。

"勒克莱尔"主战坦克基本数据

项目	数据
乘员	3 人
战斗全重	53 吨
车长（炮向前）	9.87 米
车身	6.88 米
车宽（带裙板）	3.71 米
车高	2.7 米
最大行程	550 千米
最大公路速度	71 千米 / 时
最大越野速度	50 千米 / 时

以充分地发挥武器的毁伤能力。制导武器配备火控系统，由于发射前进行了较为准确的瞄
准，可改善其制导系统的工作条件，提高导弹对机动目标的反应能力，减少制导系统的失
误率。

　　"勒克莱尔"可以在 4 千米以上的距离发现目标，在 2.5 千米以上的距离能完成目标辨识、锁定并展开射击，越野行驶时的主炮第一发命中率高达 95%，在实际测试中创下 35 秒内连续命中 6 个目标的纪录。

四、防护能力

　　"二战"前，法国人设计坦克只重视防护而忽视火力和机动性，到了 20 世纪 50 年代，却来了一个大转弯，反而重视火力和机动性而忽视防护，AMX-30 坦克就是这种设计思想的产物。与 AMX-30 不同，"勒克莱尔"极大地提高了自己的防护能力。"勒克莱尔"是继以色列"梅卡瓦"MK3 之后，世界上第二种使用模块化装甲技术的主战坦克。

◎法国 20 世纪 60 年代研制装备的第二代主战坦克——AMX-30 主战坦克。1958 年开始设计，1967 年首批生产的 AMX-30 坦克装备法国陆军。AMX-30 主战坦克总生产量为 1695 辆，连同各种变型车和改进型车在内，生产总数约 4000 辆。该坦克装备 1 门 105 毫米线膛炮，配有 720 马力柴油发动机，全重 36 吨，具有较强的远射程火力和良好的机动性，但装甲防护相对较弱

　　"勒克莱尔"采用钢制全焊接车体与炮塔，车体与炮塔本身拥有一层基底装甲，炮塔四周可以加挂复合装甲。"勒克莱尔"炮塔四周、炮盾、车体正面以及侧裙等都可以加挂模块化装甲，而且装甲模块非常容易安装，不需要螺栓或铆钉。目前"勒克莱尔"的模块装甲是广为西方先进战车采用的陶瓷复合装甲，炮塔上的为箱式复合装甲，对动能穿甲弹与高爆穿甲弹都有极佳的防御效果。

　　"勒克莱尔"拥有全车加压式核生化（NBC）防护系统，自动灭火抑爆系统能在 2 ~ 10 微秒内侦测出火源并瞬间将其扑灭，而且使用的是无毒性抑燃剂。

◎ "勒克莱尔"炮塔外部加挂的简单工具箱。从防护的角度讲，它能提前引爆穿甲弹，降低喷流作用在本体装甲的能量。它主要是用来容纳饮水容器、工具等杂物，但对于追求美食和浪漫的法国人来说，也是存放罐装鹅肝和红酒的好地方

141

第11章

"阿玛塔"
主战坦克

2015 年的红场阅兵，最大的明星是俄罗斯陆军 T-14 "阿玛塔" 主战坦克。准确地说，"阿玛塔" 算不上是一款隐身坦克，它源自基于 640 工程 "黑鹰" 坦克底盘开发的新一代重型装甲平台——"阿玛塔"（Armata，拉丁文和古俄文的意思是 "武器"）通用作战平台。

但毫无疑问，采用乘员舱前置＋动力后置＋无人炮塔布局的 "阿玛塔" 属于革新性坦克，是世界上第一辆名副其实的准四代主战坦克。

◎在卫国战争 70 周年成功日阅兵式上 "冷艳" 亮相的 T-14。它完全推翻了传统俄式坦克的风格，最夺人眼球的设计在于无人炮塔，其他方面也采用了不少新设计和新技术。但总体来说，T-14 的技术验证意味比较大，将来能发展到什么程度尚有待观察

一、T–14 坦克

在 2015 年 5 月 9 日的莫斯科红场大阅兵上，"阿玛塔"坦克露出庐山真面目。俄罗斯将其命名为 T–14 坦克，战斗全重 65 吨，与美国陆军的 M1A2 坦克相当。"阿玛塔"于 2006 年开始研制，俄罗斯国防部计划在 2020 年后装备 2300 辆。

"阿玛塔"是俄罗斯陆军研发的最新一代重型坦克，也是俄罗斯武器装备通用化思想的产物。从 20 世纪 90 年代开始，围绕实现战车通用化目标，俄罗斯一直潜心在为 30~65 吨 的战车研制一种通用型履带底盘。2010 年，乌拉尔车辆制造厂在 640 工程"黑鹰"坦克底盘的基础上，成功研制出新一代重型装甲平台——"阿玛塔"，"阿玛塔"坦克的名字就是源于这个

新型底盘平台。"阿玛塔"坦克属于"阿玛塔"车族，该车族包括 T–14 "阿玛塔"坦克、T–15 "阿玛塔"步兵战车和 T–16 "阿玛塔"坦克抢修车，这三款车都是使用了相同的底盘，因此在装备部队之后，有利于后勤保障的简化。

作为新一代主战坦克的先行者，"阿玛塔"坦克采用了独创的隔舱化设计和遥控无人炮塔技术。炮塔配备了全自动装弹机。3 名乘员在车内呈纵向排列，位于封闭的装甲舱内，远离燃料和弹药舱。这是很有革命意义的改变，因为乘员与弹药舱分离后，为保护炮塔内乘员而在炮塔和车体侧面加强的装甲就可适当减少，这样就能把防护装甲集中在以车首方向为轴的扇面区，尤其是坦克底盘的正面。

◎ "黑鹰"主战坦克。"黑鹰"的正式名称是 640 工程，是俄罗斯鄂木斯克运输机械设计局（KBTM）在 20 世纪 90 年代末发展的主战坦克，曾多次在国际防务装备展上进行过展示

　　"阿玛塔"炮塔侧面装备了能够用于敌我识别和为炮射导弹提供制导的毫米波雷达。该雷达不仅可覆盖 360 度范围,而且能控制主动防护系统。"阿玛塔"坦克采用的主动防护系统是由位于科罗姆纳的机械制造设计局研制的"阿富汗石"(Afghanite)主动防护系统,该系统能为坦克防御包括空中打击在内的各种打击,可以在距离车辆 15 ~ 20 米处拦截敌人发射的炮弹和导弹。主动防护系统覆盖车辆的前半部,可保护重要的坦克组件。该系统所采用雷达的工作波段为毫米波,可以拦截最大速度为 1700 秒 / 米的次口径穿甲弹。与国内外现有的主动防护系统不同,"阿富汗石"主动防护系统计划率先采用具有所谓"打击核"型战斗部的防护弹药。

◎使用全套防护系统的 M1A2 SEP 坦克。其重量超过 60 吨,继续增重必将让坦克陷入恶性循环,瘦身减重将成为第四代坦克的一项重要任务

在动力方面，"阿玛塔"主战坦克采用 A-85-3 柴油机，俄式主战坦克使用 V-2 柴油机家族近 80 年的历史也由此终结。A-85-3 柴油机是由车里雅宾斯克拖拉机厂下属的运输柴油机专业设计局研制的，研制时间长达 20 年，研发投入高达 250 亿卢布。

2011 年，运输柴油机专业设计局发布了 A-85-3 柴油机的性能数据。这是一种液冷 4 冲程涡轮增压发动机，工作容积 34.6 升，12 个气缸呈"X"形分布，转速 2000 转 / 分。该发动机的额定功率为 1500 马力，加速时功率可达 1800~2200 马力。如果将功率降低至 1200~1350 马力，将明显提高发动机的使用寿命。A-85-3 柴油发动机还采用了可预防动力装置过热的自动装置。

这款发动机在技术水平上可与国外同类先进产品相当，在单位体积功率方面甚至还超越了同类产品。与以往的型号相比，A-85-3 柴油机的一个突出特点是便于更换，可在几分钟内更换完毕。

"阿玛塔"主战坦克在火力方面的变化并不大，以 2A46M 为基础研发的 2A82-1M 火炮，口径依然是 125 毫米（苏联从 1966 年 12 月 30 日装备的 T-64 坦克开始，125 毫米一直是俄军坦克炮的口径）。由于不必考虑火

◎ "阿玛塔"坦克。其装备了成套的主动防护系统，一定程度上达到为坦克减重的效果

2A82-1M型火炮的主要指标

项目	数据
全重	2.7 吨
长度	7 米
有效射程（炮弹）	4700 米
有效射程（炮射导弹）	8000 米
有效射程（炮射反坦克导弹）	5500 米
射速	10 ～ 12 发 / 分
穿甲能力（脱壳尾翼穿甲弹）	850 ～ 1000 毫米
穿甲能力（反坦克导弹）	950 毫米
使用寿命	800 ～ 900 发
弹药基数	45 发
自动装弹机载弹量	32 枚

搭载 2A82-1M 火炮的 T-14 的"阿玛塔"坦克

149

炮发射时泄漏到炮塔内的烟气对人员的影响，新的滑膛炮取消了身管中部的火炮抽烟装置，火炮的可用膛压能设计得更高，炮口动能更大，使火炮的射击精度提高15%～20%，射击密集度提高1.7倍。

"阿玛塔"主战坦克采用的125毫米坦克炮可以在行进间进行瞄准射击，携弹量为32发（T-90坦克的携弹量为42发，其中22发在自动装弹机中，20发在位于坦克车体和炮塔内的弹架上），并采用新的供弹和侧移机构。

二、152毫米，大炮主义？

（1）不陌生的152炮。西方评论"阿玛塔"坦克"并不是那么完美"，其中的一个重要理由是"阿玛塔"125毫米滑膛炮不足以对三代主战坦克实施单向有效杀伤。其实，"阿玛塔"坦克还能配备专门开发的152毫米火炮。

对于熟悉俄罗斯坦克的朋友来说，坦克上安装152毫米火炮并不新鲜。早在1990年9月，苏联就开始了152毫米坦克炮的研发工作，并于1991

◎苏联末期292工程试验车。搭载152毫米火炮

年开始在 292 工程的试验车上进行了该炮的试验。后来由于苏联解体,该炮的试验被搁置了。该炮编号为 LP-83,由当时苏联的列宁格勒基洛夫工厂和全苏科学研究院(VHII)共同研发。

有消息称,相比于 2A46 型 125 毫米滑膛炮,该炮的性能有着显著的优势,能够极大地增强当时苏军最新的 T-80BV 坦克的火力以及苏联装甲部队面对北约坦克的优势。

除了 292 工程之外,477 工程(无人炮塔坦克)和"锻锤"工程因为苏联解体,后来也被迫停止研发工作。

为了研发 195 工程"黑鹰"坦克,俄罗斯叶卡捷琳堡第 9 工厂研发了 2A83 型 152 毫米火炮,该炮的改进型被用在了俄罗斯 2S19"姆斯塔"S 自行火炮上。"黑鹰"坦克的研发在 2010 年被俄军方叫停,其火炮被用在了俄军"阿玛塔"坦克上。

从数据来看,2A83 型火炮的性能指标同 2A28-1M 型火炮相比,有着巨大的优势。例如,其穿甲能力可以达到 1 米左右的穿深;在发射"红土地"

2A83型152毫米火炮的主要指标

项目	数据
全重	5 吨
全长	7.2 米
有效射程(炮弹)	5.1 千米
有效射程("红土地"2K25 制导炮弹)	20 千米
有效射程("红土地"ZOF38 制导炮弹)	12 千米
射速	10 ~ 15 发/分
穿甲能力(次口径穿甲弹,可能是脱壳尾翼穿甲弹)	1024 毫米
穿甲能力(炮射反坦克导弹)	1200 ~ 1400 毫米
使用寿命	280 发
弹药基数	40 发
自动装弹机载弹量	24 发

◎试验安装在 T–72 坦克底盘上的 2A83 型 152 毫米滑膛炮。直射距离为 5.1 千米，使用次口径穿甲弹对均质钢装甲的穿深为 1024 毫米

◎ 2S19 "姆斯塔" S 自行榴弹炮。该炮在 T–80 坦克底盘基础上研制，装备 152 毫米 52 倍口径榴弹炮，射程达 30 千米

制导炮弹时，射程可达 20 千米。

虽然如此，2A83 型火炮的缺陷也很明显。尤其是该炮的重量，是 2A82 型火炮的 2 倍，并且其携弹量也有所减少，尤其是自动装弹机的载弹数量上，连续作战的能力弱于 2A82 型 125 毫米火炮。

由此可以得出结论，T-14"阿玛塔"主战坦克的主要武器将不会只有 2A82-1M 型 125 毫米坦克炮这一种。随着 152 毫米 2A83 型火炮的装备，"阿玛塔"将会用来执行更多的任务，例如在 20 千米外对敌方的防御工事和装甲集群等目标实行精确打击。由于 T-14"阿玛塔"坦克装有雷达装置和其他电子设备，所以 2A83 型坦克炮将会配备"红土地"系列制导炮弹。这样一来，T-14"阿玛塔"坦克将会具有部分 152 毫米自行榴弹炮的作战能力。因此，"阿玛塔"以后可能不再只是一种坦克，也有可能作为一种高度先进的火力支援平台的面目出现。

（2）大炮主义。改进坦克炮弹的穿甲能力，通常有三种主要方法：一

◎"红土地"制导炮弹。是苏联最早研发的激光半主动制导炮弹，武器系统型号为 2K 25，最大射程 20 千米。1977 年开始工程研制，1984 年定型并少量装备部队试用。1992 年首次公开露面，并开始出口销售

是加大炮弹直径，使炮弹的推进药更多，从而产生更强的穿透力；二是采用更长的炮管，赋予炮弹更高的初速度；三是改进药柱性能。其中最后一种方法是最好的，因为它不需要重新设计炮弹，也不会增加重量，在坦克的研发路线上，三种做法都有，苏联主要是采用前两种方法。

"冷战"期间，苏联率先大幅提升坦克主炮口径，T-55 的主炮口径达到 100 毫米，而美国的 M-48 中型坦克仍只有 90 毫米。到 T-64 坦克时，苏联将主炮口径直接升级到 125 毫米，后来北约将坦克陆续升级到 105 毫米和 120 毫米。在 20 世纪 80 年代，北约和华约都有设想持续提升主炮口径，增加到 140 毫米或 152 毫米。

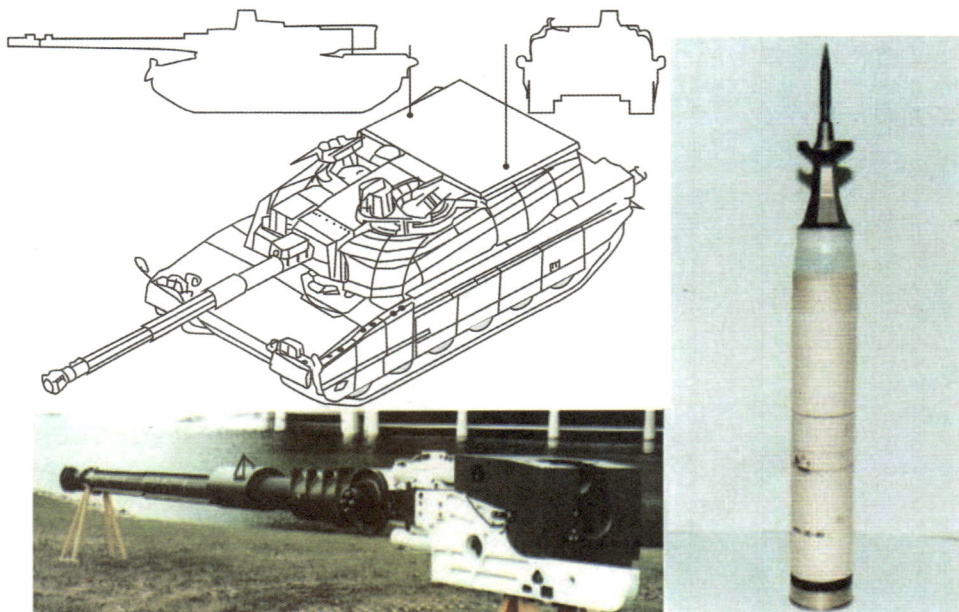

◎法国 140 毫米坦克炮及其使用的尾翼稳定脱壳穿甲弹

20 世纪 80 年代中期开始，西方国家开始展开 140 毫米坦克炮的研制。之所以研制如此大口径的火炮，是因为以当时的弹药技术水平预计要击穿苏联神秘的 FST-1 坦克（20 世纪 80 年代末，北约国家一度传言：苏联正在研制一种全新的坦克。但因无法确定其编号，所以称其为"FST"。"FST"为英文"Follow-on Sovyet Tank"的缩写，即"下一代苏联坦克"。FST-1被认为是 FST 系列坦克的最初型号。苏联解体后，有关 FST 系列坦克的猜测随即中断）需要 15 兆焦的能量，而 44 倍的 120 毫米炮只有 9 兆焦的炮口动能。于是各国不约而同地把目光投向了通过增加口径来增加炮口动能这个老套路。这一时期，美国、德国、瑞典、法国等国先后开始研制 140 毫米的样炮，并进行了装车试验。140 毫米炮的炮口动能达到了 18 兆焦。

◎ "冷战"时期西方研制的几种 140 毫米坦克炮。由于存在尺寸较大、装填困难、射速不高等问题，加上已有的 120 毫米滑膛炮足以击穿苏联坦克，所以 140 毫米坦克炮没有实用化，但作为技术储备被保存了下来

为了获得足够的炮口动能，各国140毫米火炮普遍采用了大药室设计，炮弹长1.5米，重45千克，原先炮塔狭小的空间内，这样的炮弹很难人力装填。所以改装140毫米火炮的坦克都安装了自动装弹机。但新问题随之而来，自动装弹机装填1.5米的超长炮弹时，经常出现卡弹，而依靠人力取出卡弹，又面临坦克的炮尾到自动装弹机之间没有足够的空间进行人工退弹的问题。因此，分装设计成了各国的选择，但这会限制140炮弹的弹芯长度。

◎分装弹药。简单地说就是把一个炮弹分成两截，但是分装炮弹将限制穿甲弹弹芯的长度

◎ 140毫米炮弹与120毫米坦克炮的弹壳对比

条条大路通罗马。各国在提高140毫米炮火力的这条路上，在绕了一个大弯之后，转身又选择了追求"更高初速度"。

正当各国继续为140毫米火炮努力时，苏联轰然解体，传说中的FST-1烟消云散，140毫米坦克炮的发展也暂时停下了脚步。在此后的20多年里，随着冶金、化工、材料等技术的不断进步，三代坦克的穿甲和防护水平有了很大的提高，甚至超过了早先设计的分装 140 毫米炮弹。

　　不过，增大坦克炮口径这条路仍然有人在尝试。德国人推出了 130 毫米坦克炮，它采取了一个折中的设计，药室容积缩小到 15 升，炮弹长度减到了 1.3 米左右（比 120 毫米炮弹长 0.3 米）。

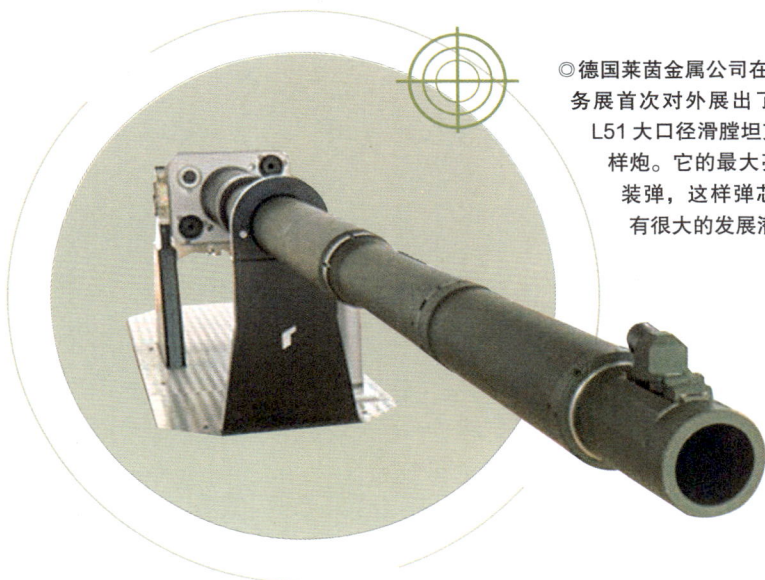

◎德国莱茵金属公司在 2016 年欧洲防务展首次对外展出了新型 130 毫米 L51 大口径滑膛坦克炮的技术演示样炮。它的最大亮点是使用了定装弹，这样弹芯在长径比方面有很大的发展潜力

◎ 130 毫米炮与 140 毫米炮相比，虽然口径小了，但在火药装填数量等涉及威力的基础方面，130 毫米炮并不比 140 毫米火炮差。在俄罗斯启动 T−14 坦克项目以后，德国开始打起精神搞新的坦克炮。新炮并没有延续 140 毫米火炮的分装弹药设计，而是采用了口径更小的 130 毫米定装弹药。虽然口径看起来小，但是弹芯长度增加、炮弹储量更高和现代机电技术下的装弹机设计，使它的火力比以前的 140 毫米火炮更凶猛

毫无疑问，第四代坦克的火力要显著提升，应具备大威力、远射程、高精度、自动化和全天候的打击能力。考虑到电热化学炮的强大后坐力很有可能让现有技术水平的坦克无法承受，电磁炮的研制之路还很漫长，在可接受的期限和高性价比基础上，利用已有的或者经验证的技术赋予坦克炮更高的性能，滑膛炮还有潜力可挖，滑膛炮的口径将增大到130毫米甚至152毫米。

三、炮塔拷问：有人还是无人？

大家知道，坦克被正面命中的概率是最高的。具体来说，坦克正面60度夹角范围内命中概率约45%，而在这个范围里，又以炮塔和车体正面装甲的上部被命中的概率最高。显然，如果能够大幅度压缩坦克炮塔的体积，不仅可以减轻坦克的重量，还能够大大降低坦克被命中的概率。但是，由于传统的炮塔内必须要有人员操纵战斗部分，受一般成人身高的限制，炮塔不能太低，苏式坦克限制人员身高不得超过1.75米，而西方坦克普遍比苏式坦克高0.2～0.3米。为了消除这些不利因素，设计师们很自然想到了一个办法，就是把炮塔里边的人移出去，这就是无人炮塔的由来。

无人炮塔技术设计自诞生以来就一直被一些技术难题阻碍其走上战场。第一个技术难题是遥控操作火炮的上下俯仰和水平旋转，第二个难题是将炮弹从弹仓自动送到炮尾，第三是采用合适的辅助技术保证战斗系统的战技指标。经过多年的开发和试验，并随着电子技术和弹道技术的迅猛发展，这些难题已经得到部分解决。

⊕ **火炮的口径和倍径**

知识链接

倍径是以炮管的长度除以炮口直径之后取最接近的整数而得，是一个无单位的数字，与口径共同表示火炮的基本大小。在标识上与英文字母"L"一起出现，意思是"长度"。比如，40毫米/70或者是40毫米/L70，后面的"70"都代表炮管的长度是火炮口径的70倍左右。坦克火炮的穿深与火炮的口径和倍径密切相关。火炮口径决定了炮弹的动能和初速，而倍径则决定了火炮的射程和精准度，而两者相结合的效果就是火炮的穿深。

　　大口径火炮无人炮塔被认为是未来主战坦克的主要发展方向之一。"阿玛塔"最令人印象深刻的就是无人炮塔。美国机动火炮系统的无人炮塔是通用动力地面系统公司研制的 105 毫米小轮廓炮塔，安装有 M68A1E4 型 105 毫米低后坐力坦克炮。

　　约旦于 2003 年推出了安装在"侯赛因"坦克底盘上的"猎鹰"无人炮塔。该炮塔由约旦国王阿卜杜拉二世武器设计与开发局、南非机械设计局等合作研制，安装了瑞士鲁阿格地面系统公司研制的 120 毫米紧凑型坦克炮。在火炮下方的车体内，车长在炮的右侧，炮长在左侧。车长配备有一具周视瞄准镜（位于炮塔顶部），其高低和方向均采用了独立稳定。炮长则配备了一具安装于炮塔舱口一侧的独立稳定瞄准具。

◎装有"猎鹰"炮塔的"侯赛因"坦克，炮塔是水平稳定的，其火炮是高低稳定的，因此，具有在行进间攻击目标的能力。"猎鹰"炮塔上安装的 120 毫米紧凑型坦克炮，标准射速为 8 发 / 分，最高射速 10 发 / 分，在头 10 秒可发射 3 发。该炮可发射北约各种类型的制式炮弹

"侯赛因"坦克

　　实际上就是约旦陆军装备的第四款坦克，有"乔巴姆"装甲和液气悬挂装置的"挑战者"1 型坦克。"猎鹰"无人炮塔上安装有 120 毫米主炮和 1 挺 7.62 毫米并列机枪。

　　第一款坦克是经改进的英制"百人队长"坦克，该坦克装有 L7 型 105 毫米线膛炮。美国的 M60A3 坦克是它们装备的第二款坦克，该坦克装有 M68 型 105 毫米线膛炮。第三款坦克是"哈立德"坦克，其实这款坦克是装有 L11 型 120 毫米线膛炮的英国"酋长"坦克。

　　自动装弹系统位于炮塔尾部，宽 1.4 米，由一个 6 发炮弹的弹盘和一个 4 发炮弹的弧形弹架构成。"猎鹰"炮塔的炮弹装填是通过一个圆筒形传送管完成的，该传送管围绕着自动装弹机底部旋转，然后根据需要从弹盘或弧形弹架上取出一发炮弹。

　　世界各国目前推出了许多无人炮塔，除了大口径火炮的无人炮塔外，根据安装武器口径的大小，可以分为安装小口径武器的无人炮塔，或称为轻型武器站；安装中口径武器的无人炮塔，或称为中型武器站；安装机关炮的无人炮塔，或称为机关炮武器站。

◎采用了带 30 毫米机关炮遥控炮塔的"美洲狮"步兵战车

　　轻型武器站的武器一般是 5.56 毫米和 7.62 毫米机枪，中型武器站的武器除了上述 2 种机枪外，还可安装 12.7 毫米机枪或 40 毫米自动榴弹发射装置。德国的中型武器站有克劳斯·玛菲 – 韦格曼公司的 2048、1865 和 1530 型，后者安装在"非洲狐"装甲侦察车、"野犬"1 型和 2 型防护车以及"拳击手"装甲输送车上。

7.62 毫米机枪改装的遥控武器站。其供弹机构暴露在外

　　的军工企业集团，以生产 L55 滑膛坦克炮著称，火炮技术堪称世界一流。

　　莱茵金属公司经营历史横跨三个世纪，在它 130 年的发展史中，先后生产过数以千计的各类武器装备型号，产品涉及枪械、火炮、装甲战车、无人机等众多领域。

　　"二战"期间，为了打破法国马其诺防线，该公司还为德国军队研发生产过一种怪物级别的重武器—"卡尔"（Karl）重型臼炮。这款臼炮是人类战争历史上建造的最大口径的重型臼炮，它的典型特征是 600 毫米的巨大口径和短身管猪鼻式炮管。

◎ "拳击手"装甲运兵车。是德国 KMW 公司的新一代轮式装甲车，被誉为"世界第一装甲车"。不变的车体与模块化设计的结合是"拳击手"的最大特色，它拥有 10 种变型车

奥托－梅莱拉公司的"希特菲斯特"炮塔可安装厄利孔公司的 25 毫米机关炮或麦克唐纳－道格拉斯公司的"大毒蛇"Ⅱ型 30 毫米机关炮，以及 1 挺 7.62 毫米并列机枪，炮塔左侧和右侧可各安装 1 具"陶"式反坦克导弹发射装置。

莱茵金属公司的 E4 和 E8 两种炮塔均可根据用户需求进行安装，它们适用于 15 吨以上的车辆，希腊"利奥尼达斯"步兵战车采用了这两种炮塔。炮塔上可安装"长钉"反坦克导弹系统。E4 是双人炮塔，E8 是单人炮塔。

法国地面武器工业集团同样提供了一种带 25 毫米机关炮的 TMC-25"德拉加"单人炮塔。这种炮塔可装备在 8×8 型 VBCI 轮式装甲车上。

◎法国 VBCI 步兵战车。法国人素来对轮式装甲车情有独钟。VBCI 步兵战车采用 8×8 高机动性轮式底盘，机动性好，战场可部署能力强，可以空运、海运、铁路运输和用公路平板车运输。采用单人炮塔是 VBCI 步兵战车的武器系统的一大"亮点"。炮长坐在特制的战斗室内，观看各种彩色显示屏和仪表板，适时地操纵机关炮射击。其主要武器是 1 门 M811 型 25 毫米机关炮，双向供弹，发射速度为 125 发 / 分和 400 发 / 分两种，还可以单发、3 连发和 10 连发

第12章

坦克的未来发展

坦克与战争始终是密不可分的，坦克诞生于斯，亦会成长于斯。面对未来战场反装甲武器的日渐完善，"陆战之王"总体结构一定会发生革命性变化，无人炮塔、电磁炮、纳米装甲护盾、全新升级的火控系统以及更大的火炮口径、成倍提升的发动机功率与传动效率，各种主被动防御系统和光电对抗技术将逐步在未来坦克上得到应用。但未来坦克的具体技战术指标，绕不开的核心依旧是火力、防护力、机动性和信息化。任何一种优异的未来坦克，都是这几个指标平衡取舍后的产物。

一、火力选择的两个方向

军事专家普遍认为，未来坦克火炮的口径将增大到 130 毫米甚至 152 毫米，具体口径要求将取决于军事需求、车辆总体布局、重量、火药燃烧效能、

◎波兰和英国联合研制的全世界第一款隐身坦克 PL-01。PL-01 实现隐身的精髓并不在于外观，主要侧重于反红外探测

装药技术等因素。轻型坦克可采用提高威力的 105 ～ 120 毫米口径火炮。步兵战车、装甲输送车、空降战车、两栖突击车将采用 40 ～ 100 毫米口径的火炮。

其实，在坦克的发展过程中坦克火炮口径的不断增大，并非单纯是东西方在坦克工业上相互较劲的结果，而是地面突击作战的需要，是由坦克炮的威力能否摧毁对方坦克的需求决定的。目前，世界上还没有出现 152 毫米口径以上的坦克炮，但德国、美国、俄罗斯等国的确在努力为未来主战坦克寻求口径更大的主炮。

随着火药、炮钢等技术的进步，近些年出现了一个截然相反的观点，认为只要穿甲威力足够，在不影响未来坦克火炮威力的前提下，火炮的口径可以缩小至 120 毫米甚至 105 毫米。波兰和英国联合研制的 PL-01 隐身主战坦克采用的就是 120 毫米坦克炮。还有一个理由支持这个观点，通过

167

配备炮射精确制导弹药，火炮的射程可以达到 5 千米以上，通过无人车、无人机等侦察传感器平台及数字化火控网络为炮射导弹提供制导，还将具备超视距、多目标的综合打击能力，射程可达 8 ~ 16 千米，甚至更远。

未来坦克火力的另外一个选择方向是完全立足于无人炮塔和遥控炮塔技术的成熟，未来坦克将演变成曲直结合的"综合火力"坦克。主炮采用电热化学炮或电磁炮，射程远、精度高、射速快的主炮，用于攻坚和反坦克作战；配置由 AI 或遥控操作的 2 ~ 4 个小型火力炮塔作为近战武器，用于反步兵、反轻装甲以及近程防空作战；配置一定数量的曲射武器，用于对 15 ~ 20 千米内的远程打击，可以使用导弹或智能炮弹对敌目标进行"全方位"的火力打击，甚至可以实现中程防空。

二、"主动防御"将是防护的主流

现代主战坦克基本采用的是"重量换防御"的被动防护理念，用厚重的装甲来抵御敌方火力的攻击。从 20 世纪 90 年代开始，越来越多的国家开始研制一种全新的防护手段——主动防御系统，即通过雷达和光电等探测装置，感知并获取来袭反坦克弹药的运动轨迹和特征，然后通过计算机控制发射拦截弹药，追踪、迎击并在安全距离上摧毁来袭弹药，让坦克免遭攻击。2010 年 4 月，全球首款正式服役的坦克装甲车辆主动防御系统——"战利品"主动防御系统被装配在以色列"梅卡瓦"MK4 主战坦克上。

另外，电磁波武器、大功率激光拦截器等新概念技术武器，未来完全可以为坦克主动防护摧毁来袭弹药提供新的火力选择。

当然，坦克作为"陆战之王"受到的火力打击是全方位的，所以即使"主动防御"成为未来主流，但"被动防御"不会被完全放弃。未来坦克的被动防御主要有三个方向：钛合金装甲、高强度碳纤维装甲、未来纳米机器人实现的"纳米自成型装甲"。后者目前看来还很科幻，简单地说，就是坦克的防御探测设备在远距离上快速探测到来袭弹丸并快速判断出弹丸着弹点，然后着弹点附近的纳米机器人开始快速组装纳米级的装甲材料，在来袭弹丸命中前组装完成可以抵御攻击的装甲。

◎"战利品"主动防御系统（Trophy APS）的防御空间大小示意图。"战利品"是一种能拦截来袭导弹的硬杀伤系统，一旦发现火箭弹和反坦克导弹来袭，便发射小型弹药（MEFP），摧毁来袭导弹。为减少附带损伤，拦截只在车体附近进行

三、重型化，还是轻型化？

目前比较主导的观点是，主战坦克相对重型化（55 吨左右）仍然是未来坦克的主要发展方向。但反对者认为，作为一种陆战武器，重量太大的坦克尽管对环境的适应性很好，但在各种反坦克武器的对抗中，坦克的机动性显然不足以让它摆脱这些危险。主战坦克只有具备快速投送能力、灵活机动能力、高速突击能力和快速反应能力，才能适应大纵深、一体化和快节奏的未来战争。

但有一个问题是绕不开的，在新型防护材料和防护技术取得突破性进展之前，过度轻量化的坦克受自身结构条件限制，防护水平可能不会太高，将无法保证平台和车内乘员的生存力。此外，相对重型化的主战坦克可以负载更大口径的火炮和更多的装备，这也是轻型坦克无法比拟的。因此，第四代坦克是重型化还是轻型化，要依据未来陆战场作战的需求来确定。短期来看，追求平台重量的适度化，在平台的机动性、生存力和火力之间保持适度平衡，是主战坦克发展的基本趋向。

◎ 俄罗斯"天王星"-9 履带式无人坦克。为了与敌方主战坦克、步兵战车甚至攻击直升机、无人攻击机对抗，"天王星"-9 配备了强大的武器系统，包括 1 门 2A72 型 30 毫米自动炮、4 枚 9M120 "突击"反坦克导弹、6 枚"针"式便携防空导弹和 1 挺 PKT/PKTM 型 7.62 毫米并列机枪

四、信息化是未来坦克的新标签

　　信息化时代的到来正在深刻地变革坦克战场，从海湾战争到科索沃战争，从阿富汗战争到叙利亚战场，端倪已现，坦克正在从孤立的陆战平台向基于信息系统的战术节点演变。美军的 M1A2SEP，德国的"豹"2A6，中国的 99A 和 15 式，日本的 10 式等坦克都是这一转变的典型代表。未来战场上，坦克通过接收导航定位、战场态势、火力协同等信息，配合其他打击力量实施机动、侦察和火力打击。但未来远非仅仅如此。AI 和遥控相结合的无人化坦克是否会成为未来坦克的方向值得关注。

　　毫无疑问，未来的战争一定不再是单军种孤立的作战，而是多军种、海陆空天一体化的作战模式。作为未来整个作战系统中重要的组成部分，主战坦克将兼具近、远程作战手段，综合有直瞄和间瞄武器系统，既能进行近战，又能进行远程精确打击；既能硬杀伤，又能软杀伤；既能打击地面目标，又能有效地与敌方武装直升机和其他低空飞行目标（包括无人飞机）进行作战。